场所精神 GENIUS LOCI

TOWARDS A PHENOMENOLOGY OF ARCHITECTURE

迈向建筑现象学

（挪）诺伯舒兹（Christian Norberg—Schulz） 著

施植明 译

华中科技大学出版社
http://www.hustp.com
中国·武汉

图书在版编目(CIP)数据

场所精神：迈向建筑现象学／（挪）诺伯舒兹　著；施植明　译.—武汉：华中科技大学出版社，2010.7（2023.11重印）
ISBN 978-7-5609-6079-1

Ⅰ．场…　Ⅱ.①诺…②施…　Ⅲ.建筑学：现象学　Ⅳ.TU-02

中国版本图书馆CIP数据核字(2010) 第044929号

场所精神：迈向建筑现象学

CHANGSUO JINGSHEN: MAIXIANG JIANZHU XIANXIAGNXUE

（挪）诺伯舒兹　著
施植明　译

出版发行：华中科技大学出版社（中国 · 武汉） 武汉市东湖新技术开发区华工科技园	电话：(027) 81321913 邮编：430223

策划编辑：贺　晴	美术编辑：张　靖
责任编辑：贺　晴	责任监印：朱　玢

印　　刷：武汉精一佳印刷有限公司
开　　本：787 mm×1092 mm　1/16
印　　张：13.25
字　　数：191千字
版　　次：2023年11月 第1版 第8次印刷
定　　价：68.00元

投稿邮箱：heq@hustp.com
本书若有印装质量问题，请向出版社营销中心调换
全国免费服务热线：400-6679-118　竭诚为您服务
版权所有　侵权必究

前 言

本书是我在理论性方面的著作：《建筑中的意图》（*Intentions in Architecture*，1963）、《存在、空间与建筑》（*Existence, Space and Architecture*，1971）的一本续集，同时也和我在历史研究方面的著作《西方建筑的意义》（*Meaning in Western Architecture*，1975）有关。它们共同的观点为：建筑是赋予人一个"存在的立足点"（Existential foothold）的方式。因此主要目的在于探究建筑精神上的含义而非实用上的层面，虽然我承认这二者之间有密切的关联。事实上在《建筑中的意图》中所讨论之实用的与"机能的"尺度，是某种"综合性系统"（comprehensive svstem）的一部分。不过该书也强调"环境对人的影响，意味着建筑的目的超越了早期机能主义所给予的定义"。因此对知觉和象征性加以透彻的探讨，同时强调人不能仅由科学的理解获得一个立足点。人需要象征性的东西，也就是"表达生活情境"的艺术作品。本书仍主张艺术作品的概念系生活情境的"具现"（concretization）。人的基本需求在于体验其生活情境是富有意义的，艺术作品的目的则在于"保存"并传达意义。总之，早期著作的目的在于以具体的建筑观点来认识建筑，目前我仍以为这种目的是最重要的事。今天许多混乱的产生是由于一些人在谈论建筑时东拉西扯所造成的。因此我将表明自己建筑的信念；我并不认为风土的或纪念性的建筑是一种奢侈品，或是某种"感动大众"的东西（如拉卜特（A.Rapoport）所言）。建筑没有什么不同的"种类"，只有不同的情境需要不同的解决方式，以满足人生在实质上和精神上的需求。

因此我在上述书中的目标和思路大体上是一致的。不过在方法上则有明显的改变。在《建筑中的意图》中，艺术和建筑是用"科学方法"加以分析的，亦即自然科学所接受的方法。我并不以为这种思路是错误的，不过目前我发现了其他的方法更具启发性。当我们透过分析来处理建筑时，遗漏了具体环境的特性，这种品质也就是人所能认同的客体，而认同感正可以给人一种存在的立足点的感受。为了弥补这个缺憾，在《存在、空间与建筑》中提出了"存在空间"（existential space）这个观念。"存在空间"并非一个数学逻辑的术语，而是包含介于人与其环境间的基本关系的。本书将继续探讨对自然的具体理解。存在空间的观念在这里可以分为两个互补的观点："空间"和"特性"，配合基本的精神上的功能："方向感"和"认同感"。空间和特性并不以纯粹的哲学方法处理（如鲍勒诺夫（O. F. Bollnow）所为），而是直接落实到建筑上。遵循着建筑的定义为"存在空间的具现"。"具现"更以"集结"（gathering）和"物"（things）的概念来解释。"物"的原始意义是一种集结，而任何物的意义即其为何集结。因此海德格尔说："物集结世界"（A thing gathers world）。海德格尔的哲学一直是促成本书并决定本书思路的催化剂。希望将建筑视为一个具体的现象已经在《建筑中的意图》中提过，在本书可获得满意的答复。多谢海德格尔有关语言和美学上的论著。这些论著已收集成册，并由霍夫施塔特（A.Hofstadter）翻译成英文著作《诗·语言·思》（*Poetry, Language, Thought*，New York，1971）。首先我必须感谢海德格尔所提的"定居"（dwelling）概念。"存在的立足点"和"定居"系同义字。"定居″就存在的观点而言是建筑的目的。人要定居下来，他必须在环境中能辨认方向并认同环境。简而言之，他必须能体验到环境是充满意义的。所以定居不只是″庇护所″，其真正的意义是指生活发生的空间是场所。场所是具有清晰特性的空间。古时候场所精神（genius loci or spirit of place）一直被视为人所必须面对的具体的事实，同时在日常生活中亦必须与之妥协。建筑意味着场所精神的形象化，而建筑师的任务是创造有意义的场所，帮助人类定居。

我深知本书的缺憾。许多问题只是轻描淡写，需要更进一步的推敲。不过本书是迈向″建筑现象学″的第一步，亦即以具体的、存在的观点来理解建筑的理论。

事实上，征服存在的维度是本书的主要目的。对建筑的认识，数十年来一直是抽象的。提出″科学性″理论后，重返一种定性的、对现象的认识是迫切需要的事。缺乏这种认识将无法解决实际的问题。所以本书并未触及经济及社会问题。存在的维度并非取决于社会经济的条件，虽然这些条件可能助长或妨碍某些存在的结构的（自我）实现。社会经济条件像一个画框一样，提供一个固定的空间使得生活得以进行，不过并未决定其存在的意义。存在的意义有深奥的根源。这些意义取决于我们在世存在（being-in-the-world）的结构。这早在海德格尔的《存在与时间》（*Sein und Zeit*，1926）的古典著作中就分析过。在《筑、居、思》（*Building，Dwelling，Thinking*，1951）中海德格尔更说明了建筑物和住所的功能与基本的存在结构之间的关系。在《物》（*The thing*，1950）中，他证实了″集结″概念的重要性。现代建筑师一般都摒弃存在的维度，虽然有些人也能自发性地体会出它的重要性。因此柯布西耶（Le Corbusier）写道：″建筑的目的在于感动我们。当作品借着服从、体会和尊重宇宙法则将我们环抱时，建筑情感便存在其中。″（《走向新建筑》1923）然而只有康（L.Kahn）恢复了存在维度的重要性，同时质问：″建筑物意欲为何？″将这个问题以其存在的形态提出来。

将存在维度（真理）明显地表现在历史中，然而其意义则超乎历史情境。另一方面，历史只有当它对存在的维度表现出新的″具现″时才有意义。一般而言存在维度的″具现″在于如何形成物，亦即在于造型和技术（康所谓的″启发性技术″）。这也包括了自然环境的情况为何？所以在本书中我们必须以场所的观点来思索存在的维度。场所表达了建筑对真理的分享。场所是人类定居的具体表达，而其自我的认同在于对场所的归属感。

我要感谢所有的同事和学生给我的启发和帮助。特别要感谢内人德多米尼西丝（Anna Maria De Dominicis）的批评和从不厌倦的协助。

由于本书系取材自大自然中，因此我没有列出任何参考书目，所有的参考资料都可以在注解中找到。

■ 目　录

Ⅰ、场 所？
PLACE?

1.场所现象
The phenomenon of place

我们日常生活的世界包括的具体"现象"有：人、动物、花、树和森林、石头、土壤、木材及水、城镇、道路、房子、门、窗户和家具，也包括了太阳、月亮、星星、飘浮的云、夜晚、白昼及季节的变换。同时还包括了更多无形的现象：如感觉。这些"既有的"东西是我们存在的"内涵"。因此里尔克（Rilke）说："我们日常生活中所能接触到的东西也许可以说是房子、桥、喷泉、大门、水壶、水果、树、窗户，甚至于柱子、高塔……"[1]所有其他的东西或工具如原子、分子、数学及所有的"材料"都是抽象的东西或工具，只能满足一些日常生活所需的目的。不过目前我们对工具往往比对生活世界还更重视。

构成我们既有世界的具体事物之间都有着复杂且也许是矛盾的关系。有些现象可能包含其他现象：森林包括了树木，城镇由房子所组成。"地景"是这么辽阔的现象。一般我们可以说，某些现象为其他的现象创造出了环境。

环境最具体的说法是场所。一般的说法是行为和事件的发生。事实上，不考虑地方性而幻想的任何事件都是没有意义的。很显然，场所是存在所不可缺少的一部分。

那么"场所"代表什么意义呢？很显然不只是抽象的区位（location）而已。我们所指的是由具有物质的本质、形态、质感及颜色的具体的物所组成的一个整体。这

些物的总和决定了一种"环境的特性"，亦即场所的本质。一般而言，场所都会具有一种特性或"气氛"。因此场所是定性的、"整体的"现象，不能够约简其任何的特质，诸如空间关系，而不丧失其具体的本性。

日常生活的经验告诉我们，不同的行为需求是以令人满意的方式在不同的环境中发生的。因此城镇与住宅包含了大量的特殊场所，当前的建筑和规划理论很自然地便将此事实纳入考虑。不过到目前为止，对这个问题的处理都太抽象化。"场所的形成"经常是定量的、"机能的"感受，意味着空间分布和维度化。难道"机能"不是人所共通与放之四海皆准的吗？不过事实上并非如此。"近似的"机能，甚至最基本的机能，如睡觉、饮食，便以非常不同的方式发生。对场所的需求有不同的特质，以符合不同的文化传统和环境条件，因此机能的思路忽略了场所是一个具体的"这里"，有特殊的认同性（identity）。

由于场所是在复杂的自然中定性的整体，因此无法以分析的、科学的概念加以描述。数学原理是从既有物中进行抽象处理，形成一种中性的、"客观的"知识。日常生活世界失落了，应该是一般人，尤其是规划者、建筑师，所真正关切的事情[2]。还好在"死巷"中仍有一条出路，亦即现象学这条路。

现象学被视为"重返于物"（return to things），反对抽象化和心智的构造。迄今现象学者主要关注的是存在论、心理学、伦理学和有关的美学。相对地，反而不太注重日常

环境的现象学。虽然极少数先驱者的作品中有这种概念，但是并不能对建筑有直接的影响[3]。因此建筑现象学也就变成了当务之急。

一些哲学家以语言、文学作为"信息"的来源，对我们生活的世界加以思考。事实上，诗有办法将科学所丧失的整体性具体地表达出来。因此，可以提示我们如何获取必要的理解。海德格尔用特拉克尔（Georg Trakl）所作的诗《冬夜》[4]来解释语言的本性。特拉克尔所用的文字非常符合我们的目的。这些词句表现出一种整体的生活情境，充满了鲜明的场所观点。

冬 夜

窗上纷纷落下的雪罗列，
晚祷钟声长长地响起，
房子有完善的设备，
桌子可供许多的摆设。

多次流浪，不止一两回，
走向门口踏上阴郁灰暗的路程，
繁盛的花簇是树的恩惠，
吸吮着大地的凉露。
流浪汉迈着安静的步伐走了进来；
苦痛已将门槛变成碑石，
在晶莹光亮的照射下，摆着，
桌上的面包和酒。[5]

我们不必重复海德格尔对这首诗所作的精辟分析，不过必须指出一些足以说明我们问题的特质。一般特拉克尔使用的具体意象都是我们在日常世界所熟知的。他谈到雪、窗户、房子、门、树、门槛、面包和酒、灰

暗、光亮。同时他把人描述成一个"流浪汉"。而这些意象也暗示着更普遍的结构。首先这首诗区分了外部与内部。外部表现在第一节的前两行中，包括了自然的及人为的元素。自然的场所表现在下雪，暗示冬天的景象，同时是在夜里。这首诗的标题将每件事都"安置"（places）在这种自然的结构中。冬夜不只是日历上的一个日子而已。就具体的表现而言，冬夜是一组特殊的品质，或是一般认为的气氛（Stimmung）或"特性"，是塑造行为或事件的一个背景。在这首诗里这种特性表现在窗上的落雪、寒意、轻柔和寂静，隐藏了在黑暗中摸索时仍能加以确认的目标的轮廓。"落下"（falling）同时创造了一种空间感，甚至是一种暗示天与地的存在。特拉克尔以最少的词汇，将一个整体的自然环境带入生命中，而外部也具有人为的特质。由任何地方都能听见的晚祷钟声来暗示，使得"私密的"内部成为综合性的、"公共的"、整体性的一部分。晚祷钟声不只是一个实际的人造物而已，它是一种象征，让我们忆起以整体性为基础的共同价值观。海德格尔说："夜里的钟声将凡人引领到天堂[6]。"

　　内部则表现在后两行中，它被描述成为人类提供庇护及安全感的家。房子有窗户、门口，让人认识到内部是外部的补充（complement）。我们发现房子里主要的焦点是桌子，可供许多的摆设。桌子让人聚在一起，比其他构成内部的任何东西更具有中心的意义。内部的特性虽这么明显地呈现了出来，却是难以言喻的。相对于外部的寒冷和黑暗，内部是光亮和温暖的，同时寂静孕育着潜在的声音。

一般而言内部是一个可理解的物的世界，"许多的"生命在那儿诞生。

　　底下两节里有更深一层的景象。在这里提出了场所和物的意义。同时人是以在"阴郁路程上"的流浪汉来表现的，而不是安全地置身在他为自己所建造的房子里。人在外部，在生命道路上成长，同时表达了企图为自己在既有的未知的环境中"确认方向"。

　　不过自然也有另外的一面：提供了成长及繁盛的恩惠。在繁盛的树的意象中，天、地被结合在一起成为一个世界。经由人的劳力，世界被带进内部，成为面包和酒，因此内部的阐释变得很有意义。如果没有天地间"神圣的"果实，内部将仍旧是"空虚的"。房子和桌子的吸收和集结，使得世界更"亲密"。居住在房子里因而意味着在世上定居。不过这种定居并没有那么简单，必须在黑暗的路上摸索。同时门槛把内部和外部隔开，说明"差异性"（otherness）和清楚的意义间的"缝隙"，使得苦痛具体地表达出来，"变成碑石"。因此在门槛中，居住的问题便占据了主宰的地位[7]。

　　特拉克尔的诗说明了我们生活的世界的一些重要的现象，特别是场所的基本特质。更重要的是告诉我们每一种情境都有其地方性和一般性。冬夜的描述很显然是地方性的，是北欧的现象。不过其隐含的内部与外部的观点是一般性的，连接了这些差异的意义。因此诗使得存在的基本特质具体化。"具体化"在此表示使一般"可见的"事物成为一个具体的、地方性的情境。所以诗朝着与科学思考相反的方向而行。科学离开了"既有的物"，诗带我们重返具体的物，透

2.外部与内部，在大地之上苍穹之下。希尔德布兰特（Hildebrandt）：位于格勒尔斯多夫（Gollersdorf）的礼拜堂。

3.外部与内部。吉廖岛城堡（Giglio Castello）

4.和谐气氛。靠近奥斯陆的北欧森林。

上……""苍穹是太阳穹隆的路径，月亮变幻的轨道，闪烁的星辰，一年的季节，白昼的光亮和尘埃，夜晚的阴郁和泛红，温和的和恶劣的气候，飘浮的云、蓝色的天空……"[10]就像许多关键点一样，天地间的分野可能很细微。当我们在说明海德格尔对"定居"的定义时，便显出这一分野的重要性。在大地之上经常意味着在苍穹之下[11]。他也宣称世界是介乎天地之间的，同时说"世界是凡人所居住的房子"[12]。换言之，人所能居住的世界变成了"内部"。一般而言，自然塑造了一个具延伸性和综合性的整体，一处"场所"，符合具有独特特性的地方状况。这种特性或"精神"可以用具体而"定性的"术语加以描述。海德格尔便以此描述天与地的特性，同时必须以这些重要的分野作为其出发点。如此一来，我们对地景有一种与存在相关的认识，同时必须加以维护使其成为自然场所的主要名称。在地景中，有许多次要的场所及自然的"物"，如特拉克尔提及的"树"，在这些物中浓缩了自然环境的意义。

不同尺度的聚落是环境中最重要的人为因素，从住宅及农舍到村庄和市镇；其次是联络这些聚落的"路径"，以及转换自然成为"文化地景"的各种元素。如果这些聚落与环境的关系是有机的，这就意味着聚落扮演着焦点的角色，而环境则被浓缩或"诠释"在此焦点中。因此海德格尔说："单独的房子、村庄及城镇是在其中或其周围的建筑物集结各种中间物（in—between）所形成的成果。建筑物以居住的地景拉近了大地与人的距离，同时加强了在辽阔的苍穹之下安置邻里住所的亲密性"[13]。因此

露了存在于生活世界的意义[8]。

而且特拉克尔的诗区分了自然的和人为的元素，因此指出了一个"环境现象学"的出发点。

很显然，自然的元素是既有物中的主要成分，而且事实上，场所经常以地理的术语加以定义。不过我们必须强调场所不仅仅是地点而已。关

于地景，近代文学提供了各种方式来描述自然的场所。不过我们发现一般以机能的或是"视觉的"考虑为基础的思路还是太过于抽象[9]。我们必须再度向哲学求援。最大的差别是海德格尔介绍了天与地的概念："大地扮演着孕育者的角色，开花、结果，在岩石、水中蔓延，植物与动物矗立其

认为场所的基本特质是集中性和包被性。真正的意义是"内部"，即"集结"其所了解的一切。为了达成这种机能，便有与外部相关的开口（事实上只有内部才有开口），而且建筑物借着固着大地、耸向苍穹，与环境产生关联。最后人为环境包括了人造物或"物"，成为内部的焦点，强调聚落集结的功能。以海德格尔的话来说就是："物使世界为物"，"使之为物"（thinging）是以集结的原始意义加以运用。更进一步说："唯有结合世界的本质时才能变成物[14]。"

在前言中赋予场所结构的许多指标，有一些已经由现象哲学家研究出来，为追求更完美的现象学提供一个好的开端。第一个步骤是关于自然与人为现象的区分，或以具体的术语而言是"地景"与"聚落"。第二个步骤则是以大地、苍穹（水平、垂直）和外部、内部间的范畴来表达。

这些范畴有空间上的含义，因此"空间"被重新介绍，不仅仅是数学的概念，而且是存在的维度[15]。最后特别重要的步骤是"特性"的概念。特性取决于物的情况是什么，同时使我们对探索日常生活世界的具体的现象有一个基准。唯有如此我们才可以完全掌握场所精神；古代人视其为"敌对"，必须与之妥协才有可能定居[16]。

2.场所结构
The structure of place

基于前面对场所现象的讨论，我们得出了产生场所结构必须以此"地景"与"聚落"来描述的结论，并以"空间"和"特性"的分类加以分析。因此"空间"暗示构成一个场所的元素是三维的组织；"特性"一般指的是"气氛"，是任何场所中最丰富的特质。不将空间与特性加以区分，而使用宽泛的概念，如"生活空间"，是可行的[17]。不过对我们的目的而言，对空间与特性加以区分是比较实用的。相同的空间组织，经过空间界定元素（边界）的具体的处理手法，可能会有非常不同的特性。基本的空间造型在历史上已经以特性赋予其新的诠释[18]。另一方面必须指出的是，空间组织对特性的形成有某些限制，同时这两种概念是相互依存的关系。

"空间"在建筑理论中当然不是新名词，不过空间有多种含义。在现代文学中可区分为两种用法：视空间为三维的几何形；或为知觉场（perceptual field）[19]。然而两者都

5. 和谐气氛。喀土穆周围的沙漠村落。
6. 内部。古老的挪威木屋，泰勒马克（Telemark）。

无法令人满意。在日常经验中从本能的三维整体所抽离出来的空间可被称为 "具体空间"。事实上具体的人类行为并未在一个均质的同维空间中发生，而是在品质差异性中表现出来，例如 "上" 及 "下"。建筑理论一直企图以具体的、定量的角度界定空间。因此吉迪恩（S.Giedion）以 "外部" 和 "内部" 的分野，作为其建筑史的主要观点的基准[20]。凯文·林奇（K.Lynch）对具体空间的结构有更深一层的洞察，介绍了 "节点（地标）" "路径" "边界" 和 "地区"这些概念，暗示构成人在空间中有方向感基准的一些元素[21]。保罗·普托吉斯（Paolo Portoghesi）最后将空间定义为 "场所系统"，暗示空间概念在具体的情境中有其根源，虽然空间能以数学方式加以描述[22]。这种观点与海德格尔的说法不谋而合， "空间是由区位吸收了它们的存在物而不是从空间中获取的"[23]。外部与内部的关系是具体空间的主要观点，暗示空间有各种程度的扩展与包被。因此地景是由各种不同的，但基本上是连续的扩展所界定的，聚落则是包被的实体。因为聚落与地景有一种图案与背景的关系，所以任何包被相对于扩展的和背景的地景而言都是非常清楚的，像是一种图案一样。如果这种关系被破坏，聚落便丧失自己的特性，就好像地景丧失自己的特性成为无穷尽的扩展一样。在大一点的环境脉络中，当任何包被成为一个中心时，对其周遭而言它都可能扮演焦点的功能。从这个中心出发，空间以各种程度的连续性（韵律）向四面八方延伸。很显然，主要的方向是水平与垂直，即大地和苍穹的方向。集中性（centralization）、方向性、韵律感

是具体空间具有的主要特质。最后必须说明自然元素（如山丘）及聚落，可以用各种不同程度的近似关系加以簇集或集结。

所有说明过的空间特质是一种 "地形的" （topological）性质，与大家所熟知的完形理论（Gestalt Teory）的 "组织原则" 相符。皮亚杰（Piaget）有关儿童对空间概念的

研究，证实了这些原则在存在上的重要性[24]。

组织的几何模式只有在后来的生活中才逐渐发展起来，以符合特别的目的，而且通常可以视其为对基本的地形结构更 "准确的" 定义。地形的包被因而变成一个范围， "自由的"曲线变成直线，簇群变成格子状。几何在建筑中用来表达一种一般性的综

合性系统，是一种暗示性的"宇宙秩序"。

任何包被都由边界所界定。海德格尔说："边界不是某种东西的停止，而是如同希腊人认识到的，边界是某种东西开始出现的地方"[25]。

人们认为建筑空间的边界是楼板、墙、天花板。地景的边界在结构上很相似，包括了地表、水平面和苍穹。简单的结构相似性是自然与人为场所之间基本的重要关系。边界的包被特质由其开口所决定，就像特拉克尔以窗户、门、门槛的意象所做的诗意而直觉的表现一样。一般的边界，尤其是墙，使得空间结构明显成为连续的或不连续的扩展、方向和韵律。

而且"特性"是比空间更普遍而又具体的一种概念。特性一方面暗示着一般的综合性气氛（comprehensive atomosphere），另一方面是具体的造型，以及空间界定元素的本质。任何真实的存在与特性都有着密切的关联[26]。特性的现象学必须审视明显的特性，同时对其具体的决定因素加以探究。我们已指出不同的行为需要有不同特性的场所。一个住所必须是"保护性的"，一个办公室必须是"实用性的"，一间舞厅必须是"欢乐性的"，一座教堂必须是"庄严性的"。当我们游览外国城市时，经常被其特性所震撼，这成为体验中重要的部分。地景也具有特性，这些特性中有一种特殊而自然的本质。因此我们会谈到"肥沃的""贫瘠的""欢愉的"及"可怕的"地景。一般而言，我们必须强调所有场所都具有的特性，特性是既有世界中基本的模式。在某种意义上，场所的特性是时间的函数，因季节、一天的周期、气候，尤其是决定不同

状况的光线因素而有所改变。

特性系由场所的材料组织和造型组织所决定。因此我们必须问："我们行走在怎样的地面上，在我们头上是怎样的天空；总之界定场所的是怎样的边界？"边界如何依赖其造型上的明确性又与其如何被"构筑"有关。以这种观点注视一幢建筑物时，必须考虑它是怎样坐落大地，又怎样

耸向苍穹的。

对于都市环境的特性具有决定性的垂直边界或墙，必须特别留心。

由于文丘里（R.Venturi）早就体认到这一事实使我们得以蒙受其惠，使得"门面"具有"不朽的声誉"[27]。构成一个场所的建筑群的特性，经常被浓缩在具有特性的装饰主题（motifs）中，如特殊形态的窗、

11.地面。位于拉齐奥的塞尔莫内塔街道（Street in Sermoneta, Lazio）。
12.创作。伍尔诺斯圣马利亚堂（St.Mary's Woolnoth），伦敦，霍克斯莫尔设计。

门及屋顶。这些装饰主题可能成为"传统的元素",可以将场所的特性转换到另一个场所。因此特性和空间在边界中结合在一起,而且我们认可文丘里将建筑界定为"界于内部与外部墙之间的墙"[28]。

除了文丘里的直觉外,在近代建筑理论中很少有人对特性的问题加以思索,结果使得理论和具体的生活世界失去了联系。尤其是科技,它在目前被视为是满足实际需求的唯一方法。而特性取决于物如何形成;由科技的实践(建筑物)所决定。海德格尔指出希腊的techne(艺术)表示对真理创造性的"透露",属于诗(poiesis),亦即"创造"(making)[29]。因此场所的现象学必须包含构造的基本模式,此即模式间在造型明晰性上的关联。唯有如此,建筑理论才有一个真正具体的基础。

场所结构的呈现将会很明显,像环境的整体一样,包括了空间与特性的观点。这些场所是"疆土""区域""地景""聚落"及"建筑物"。我们是重返我们日常生活世界具体的"物"。这正是我们的出发点,同时记得里尔克的话:"我们也许可以这么说……"要将场所加以分类时,我们必须运用这些用语,诸如:岛屿、岬、海湾、森林、丛林、广场、街道、中庭及地板、墙、屋顶、天花板、窗户及门等。

场所以这些名词加以命名。暗示着场所被视为真实的"存在之物",亦即"实存的"(substantive)原始字义。而空间则是一种关系系统,并由介词所表示。在日常生活中,我们很少只谈及"空间",而是以物在上或下,在前或在后,或都是在……之中,在……范围内,在……之上,

13.场所。位于尼瑞斯汉(Neresheim)由诺伊曼(Neumann)设计的修道院。

14.环境的层次。

15.形象化。位于拉齐奥的卡卡塔(Calcata)。

由……到……，沿着……，紧邻……来表达。这些说法表示物在地形上的关系。最后，特性便由上述的描述所暗示。特性是复杂的整体，单独的形容词很难涵盖这种整体的复杂观点。不过特性经常又是那么明白而清楚，通过一个字似乎就可以掌握其本质。因此我们晓得日常生活的语言结构，正好与我们所分析的场所相符。

疆土、区域、地景、聚落、建筑物（以及建筑物的次场所）逐渐缩小尺度，形成了一个系列。这种系列的等级可称之为"环境的层次"[30]。系列的"顶端"是极广大的自然场所，也包含了较低层次的人为场所。人为场所具有上述的"集结""焦点"的功能。换言之，人"吸收"环境，并使建筑物或物在其中形成焦点。因此物"诠释"了自然，并使其特性明显化，所以物本身变得非常有意义。这便是点点滴滴的事物在我们周围具有的基本功能[31]。然而这并不代表不同层次必须有相同的结构。事实上从建筑史上看来，这种情形是极少的案例。风土聚落经常有一种地形的组织，虽然独幢的住宅可能非常几何化。在较大的城市里，我们经常发现邻里在一般的几何结构中是以地形的方式加以组织的。稍后我们将回到结构适应性的特殊问题上，不过必须先简单地说明一下环境层次的尺度中主要的"等级"：介于自然场所与人为场所的关系。人为场所与自然产生的关系主要有三种方式。首先，人要使自然结构更精确。亦即人想将自己对自然的了解加以形象化，"表达"其所获得的存在的立足点。为了达成此目的，人建造了其所见的一切。自然暗示着划定界线的空间，即人所建造的一种包被；自然变成"集中化"，

16.形象化和象征化。位于阿迪基高处（Alto Adigd）的城堡。
17.象征化。约旦的佩特拉（Petra in Jordan）。

人竖起了一座纪念性耸立（Mal）[32]，自然暗示着方向性，人便铺出了一条道路。其次，人必须对既有的情境加以补充，补足其所欠缺。最后，人必须将其对自然（包含本身）的理解象征化。象征化意味着一种经验的意义被"转换"成另一种媒介。好比自然的特性被换成建筑物，建筑物的特质明显地表现出自然的特性[33]。象征的

目的在于将意义从目前的情境中解放出来，使之成为"文化客体"，可以成为更复杂的情境要素，或被转移到另一个场所。这三种关系意味着人集结经验的意义，创造适合其自身的一个宇宙意象（imago mundi）或小宇宙，具体化其所在的世界。很显然集结全靠象征，意味着意义被转移至另一个场所，使得该场所成为一个存在

的"中心"。

形象化、补充、象征性是安顿生活的普遍观点；就定居的存在意义而言，定居全靠这些功能。海德格尔以桥来说明此问题：建筑物的形象化、象征化以及集结，同时使环境成为一个统一的整体。所以他说："桥小心而有力地横跨溪流，桥不只是连接早就在那儿的河岸，而且只有当桥横跨溪流时河岸始为河岸。桥有意地使河岸在两侧展开。桥自一侧发端至另一侧。河岸并未沿着溪流扩展成一片干旱的陆地，像是毫不相干的边界。河岸和桥将河岸扩展的地景带给溪流。使得溪流、河岸与陆地彼此成为邻居。桥集结了大地，成为环境溪流四周的地景"[34]。海德格尔也描述了桥集结的情形，因此揭露了桥的象征性价值。我们无法在此详述，不过要强调地景经由桥而获得其价值。在此之前，地景的意义被"隐藏"起来，桥的构筑公然地将意义引导出来。"桥集结存在成为我们称之为场所的某些地点。然而这些场所在桥出现之前，无法以一个整体而存在（虽然沿着河岸能有许多'地块'），必须借着桥使之显现"[35]。因此建筑物（建筑）存在的目的是将地块变成场所，换言之，揭露隐伏在既有环境中的意义。

场所结构并不是一种固定而永久的状态。一般而言场所是会变迁的，有时甚至非常剧烈。不过这并不意味着场所精神一定会改变或丧失。稍后我们将介绍场所产生的前提是必须在一段时间里保存其特性。"稳定的精神"是人类生活的必需条件。而其如何才能适应动态的变迁呢？首先，我们应该指出在一定限度内，任何场所必须有吸收不同"内容"的"能力"[36]。场所不能只适合一种特别的

用途而已，否则很快就会失效。其次，一个场所很显然可以用不同的方式加以"诠释"。事实上，保护和保存场所精神意味着以新的历史脉络，将场所本质具体化。我们也可以说场所的历史应该是其"自我的实现"。一开始的可能性，经由人的行为所点燃并保存于"新与旧"的建筑作品中[37]。因此一个场所包含了具有各种不同变异的特质。

总之，我们可以得到这样一个结论，场所是出发点也是我们探讨结构的目标。一开始场所是以一种既有的且透过自发性经验的整体性呈现出来的。最后经过对空间及特性的观点分析，便像是一个结构世界。

3. 场所的精神
The spirit of place

"场所精神"（genius loci）是罗马的想法。根据古罗马人的信仰，每一种"独立的"本体都有自己的灵魂（genius），守护神灵（guaraian spirit）这种灵魂赋予人和场所生命，自生至死伴随人和场所，同时决定了他们的特性和本质。即使是众神也都有它们自己的神灵，这一事实说明了这种想法主要的本质[38]。因此genius表示"物之为何"（What a thing is），用康的说法则是物所"意欲为何"（wants to be）。在我们的生活脉络中有重返过去灵魂的想法和希腊神性（daimon）的想法是没有必要的。不过必须指出的是，古代人所体认的环境是有明确特性的，尤其是他们认为和生活场所的神灵妥协是生存最主要的重点。从前生存所依赖的是一种场所在实质或心理感受上"好的"关系。例如古埃及不仅依照

尼罗河的泛滥情形而耕种，而且连地景结构也成为公共性建筑平面配置的典范，象征永恒的自然秩序，让人有安全感[39]。

在场所精神的发展过程中保存了生活的真实性，虽然它不曾被如此命名过。艺术家和作家都在场所特性里找到了灵感，将日常生活的现象诠释为属于地景和都市环境的艺术。因此歌德（Goethe）说："眼睛自孩提便受物所训练是有根据的，所以威尼斯画家在看任何东西时必须看得更清楚，而且要比别人有更多的乐趣去看任何东西。"[40]

直到1960年杜瑞尔（Lawrence Durrell）还写道："如果你想慢慢地了解欧洲的话，品一品酒、乳酪和各个乡村的特性，你将开始体会到所有文化的重要决定因素最终还是场所精神。"[41]

现代观光业证明了各地不同的体验是人类主要的兴趣之一，虽然这种价值在目前已日渐丧失。事实上现代人长久以来一直相信科学和技术能让他们脱离对场所直接的依赖[42]。这种观念已证实是一种错误的想法；污染和环境危机突然间成为一种可怕的报应，因此场所的问题重新获得了它真正的重要性。

我们曾经用过"定居"这个字来表示整体的人为场所的关系。若能更进一步了解这个字的含义将有助于"空间"与"特性"的区分。当人定居下来时，一方面他置身于空间中，另一方面他也暴露于某种环境特性中。这两种相关的精神更应该被称为"方向感"（orientation）和"认同感"（identification）[43]。想要获得一个存在的立足点，人必须要有辨别方向的能力，他必须晓得身置何处。而

且他同时得在环境中认同自己，也就是说，他必须晓得他和某个场所是怎样的关系。近来关于规划与建筑的理论性文字已相当重视方向感的问题。我们可以参考林奇的著作，他以"节点""路径""区域"来表示基本的空间结构是形成人的方向感的客体。这些元素在知觉上通过彼此间的关系形成了一种"环境意象"，林奇同时声称："一个好的环境意象能使它的拥有者在心理上有安全感。" [44] 因此所有的文化都发展了自己的"方位系统"，也就是"能达到好的环境意象的空间结构"。"世界很可能依照着一组焦点来组织，或把它拆散成各种不同名字的地区，或利用记忆中的线路来连接。" [45] 这些方位系统经常基于或源自既有的自然结构。如果这种系统很不明显，意象的塑造将变得非常的困难，因而使人感到"失落"。失落感的恐惧来自动态的有机体想要在环境中确定方向的需求 [46]。失落感与能够表现定居特色的安全感恰好相反。环境品质就是避免让人产生失落感，林奇称之为"意象性"（imageability），表示"形态、颜色或结构使得构建环境中的心理意象变得容易，这些意象可以被很好地识别，高度结构化，因此非常有用。" [47] 关于这一点林奇指出，构成空间结构的元素是具体的"物"，具有"特性"与"意义"。然而他将自己局限于探讨这些元素在空间上的机能中，使我们对定居的认识仅限于片断的理解而已。尽管如此，林奇的努力对场所理论还是有卓越贡献的。它的重要性在于他所做的实验性研究，他对具体的都市结构的研究，证实了完形心理学（Gestalt psycology）或研究儿童心理学的学者皮亚杰所定义

18.集结。萨尔茨堡。
19.桥。苏黎世。

19

的一般的〝原则或组织〞。[48]

　　我们必须强调定居，尤其要以与环境的认同感为前提，不过这并不有损方向感的重要性。虽然方向感和认同感是一个整体关系的概念，不过它们在整体中仍有某种独立性。晓得自己所在的方向，却没有真正的认同感是有可能的；一个人可以与他人和睦相处，但不一定感觉很舒服。对场所的空间结构没有很清楚的认识，然而感觉很舒服也是有可能的；也就是说，场所的体验是一种令人满足的一般特性。然而真正的归属就必须是这两种精神功能的完全发展。在原始社会里，即使是环境中点点滴滴的事物也都为人所熟悉，并且充满意义，而这些点点滴滴的事物更形成了复杂的空间结构[49]。然而在现代社会里，人们所有的注意力都集中在方位实际的功能上，认同感只能听天由命了。结果真正的住所在精神感觉上已被疏离感所取代。因此更确切地了解〝认同感〞和〝特性〞的概念乃当务之急。

　　在我们的环境脉络中，〝认同感〞意味着〝与特殊环境为友〞。北欧人已和雾、冰和寒风成为朋友；当他们在散步时，对脚下雪的开裂声引以为乐；他们必须体验沉浸在雾中的诗意，正如赫斯（Hermann Hess）在亲身经历中写道：〝雾中漫步甚为奇怪；灌木和石头何等寂寞，树木彼此不能相见，万物孑然一身……〞[50] 然而阿拉伯人则必须与绵延不尽的沙漠和炙热的太阳为友。这并不表示他们不必以聚落来保护自己，抵抗自然力量；事实上沙漠聚落主要的用意就是排除沙和太阳，以弥补自然场所的不足。这意味着人所体验的环境是充满意义的。鲍勒诺夫说得恰到好处：〝所有的气氛都非常和谐〞（Jede

20. 认同感。北欧冬天。
21. 认同感。喀土穆，苏丹。

Stimming ist Ubereinstimmung），也就是说，每个特性都有一种内外世界之间，以及肉体与精神之间的关联[51]。就现代都市人而言，与自然环境的友谊已沦为一种片断的关系。相反的，他必须与人为的物认同，如街道和房子。德裔美籍的建筑师卡尔曼（Gerhard Kallmann）曾说过一个故事，清楚地表达了这个意义。在第二次世界大战末期，当他重返离开多年的故乡柏林时，他所想看的是他在那儿长大的房子。那栋他迫切盼望能在柏林见到的房子已经消失了，因此卡尔曼先生便有点失落的感觉。突然间他想起了人行道上典型的铺面：小时候他曾经在那地面上玩耍。于是乎他产生了一种已经回家的强烈感受。

　　这个故事告诉我们，有认同感

的客体是有具体的环境特质的，而人与这些特质的关系经常是在小时候建立的。小孩子在绿色、棕色或白色的空间长大，在沙、泥土、石头或沼泽中行走、玩耍、在乌云密布或晴空万里的天空下抓起、抬起重的或轻的东西；听到如风吹某种树叶时所发出的声音，以及冷和热的感受。因此小孩子便认识了自然，而且培养了决定所有未来经验的知觉基型（perceptual schemata）[52]。这种基型包含了人类所共有的普遍性结构，以及由场所所决定的结构和文化条件的结构。事实上任何人都有方向感和认同感的模式。

一个人的身份便是经由基型的发展加以认定的，因为这些基型决定了

容易理解的世界。这个事实由语言的习惯用法所确定。当一个人想告诉别人他是谁时，事实上经常是这么说："我是纽约人"或"我是罗马人"。这种说法要比你说："我是建筑师"或"我是乐观者"要来得具体。我们晓得人类认同最高的程度有一种场所与事物的功能。因此海德格尔说："我等系由物所定"（Wir Sind die Be—Dingten）[53]。很重要的是，我们的环境不仅能够使人产生方向感的空间结构，更包含了认同感的明确客体。人类的认同必须以场所的认同为前提。

认同感和方向感是人类在世存在的主要观点。因此认同感是归属感的基础，方向感的功能在于使人成为人

间过客（homo vitor），自然中的一部分。现代人的特征是长久以来扮演着高傲的流浪者。他想要无拘无束，更想征服世界。目前我们开始了解真正的自由是必须以归属感为前提的，"定居"即归属于一个具体的场所。

"定居"（dwell）这个字眼的许多含义能够确定并加强我们的主题。首先要提出来的是，"定居"系源于挪威古字dvelja，表示持久不衰或维持原状。与海德格尔指出的德语的"居住"（Wohnen）"逗留"（bleiben）和"停留"（sich aufhalten）[54]有所关联。而且他指出德语的wunian系表示"和平相处""保持和平"的意义。德语的场所（Friede）意味着自由，避免

22.认同感。位于科森扎的圣·格雷戈里奥（S.Gregorio, Cosenza）。

23.认同感。那不勒斯。

24.步行道。柏林。
25.包被。位于托斯卡纳的蒙泰利吉欧尼（Monteriggioni, Toscana）。

伤害和危险。这种保护方法是利用"包被"（Umfriedung）达成的。场所也和"和平"（Friede）和满足（zufrieden）、朋友（Freund）以及爱（frijōn）有关。海德格尔利用语言的关联性来表示，定居的意义是和平地生存在一个有保护性的场所。

我们也必须提一下定居的德语，das Gewohnte，表示为人所熟悉的或习惯的事物。"习惯"（Habit）和"住所"（Habitat）有类似的关系。换言之，人类是经由定居熟悉他所能理解的一切。现在我们回到人与自然间的一致性（Übereinstimmang）上，也

就是"集结"的问题根源上。集结表示每天的生活世界已成为"习惯性"（gewohnt）。集结是一种具体的现象，使我们获得"定居"最终的含义。海德格尔再度揭露了一种主要的关系，他提出古代英语（700—1150）和标准德语关于"建筑物"的字眼，buan，表示定居，同时与be动词有很亲密的关系。"那么ich bin（我是）表示什么呢？bin属于古字bauen；ich bin，du bist（你是）表示：我定居，你定居的意思。你和我的生活方式，人类在地球上的居住行为就是buan。"[55] 我们可以获得结论，定居意味着集结世界成为具体的建筑物或"物"，而建造最早的行为是Umfriedung（包被）。特拉克尔（Trakl）对于内外关系的诗的直觉因而得到了证实，同时我们了解了具体化的想法暗示了定居的本质[56]。

当人类能将世界具体化为建筑物或物时便产生了定居。如前所述，具体化是艺术创作的功能与科学的抽象化正好相反[57]。艺术品具体表达了"介乎"纯粹的科学客体之间的东西。我们每天的生活世界包含了这种"媒介的"客体，而且我们知道艺术主要的功能便是集结生活世界中的矛盾与复杂，使其成为一种宇宙意境，艺术作品帮助人类达成定居。侯德林（Hölderlin）说得好："充满价值，而且有诗意地，人类在地球上定居。"这表示如果不能诗情画意地定居，也就是在诗意的真实感受中定居，人类将不会有什么价值。因此海德格尔说："诗意并未飞翔或凌越于地球之上。诗意最先将人带到地球上，使人居于地球，而且引领人进

II、自然场所
NATURAL PLACE

入住所。"[58] 诗意有很多的形态（和"生活的艺术"一样）能使人的生存具有意义，而意义正是人类主要的需求，建筑从属于诗意，它的目的在帮助人定居，不过建筑是一门棘手的艺术。建造实际的城市和建筑物是不够的。照蓝格（Susanne Langer）的说法[59]，当"整体环境有形地存在"时建筑才得以诞生。总而言之，就是使场所精神具体化。场所精神的形成是利用建筑物给场所的特质，并使这些特质和人产生亲密的关系。因此建筑基本的行为是了解场所的"使命"（vocation）。从这个角度上来看，我们必须保护地球并使其成为我们本身所理解的整体中的一部分。这里所说的并不是一种"环境决定论"（environmental determinism），我们只承认人是环境整体中的一部分这个事实，如果我们忘了这点，将导致人类的疏离感和环境的崩溃。在具体的日常感受中归属于某一个场所，即表示有一个存在的立足点。上帝曾对亚当说："你必须是地球上的一个亡命徒，流浪汉"；上帝让人面对了自己最主要的问题：跨过门槛以重返失乐园。

1. 自然场所的现象
The phenomena of natural place

要能在天地间居住，人必须理解这两种元素以及它们之间相互作用的情形。"理解"在这里的意思并不是表示科学的知识；而是一种存在的概念，暗示有意义的体验。当环境具有意义时，人便感到"置身家中般地自在"。我们所成长的场所就像"家"一样；我们非常了解走在某个地方的感觉，在那特殊的天空下，或在那些特殊的树之间；我们知道南方充满温暖和煦的阳光，北方有着仲夏神秘的夜晚。总之，我们了解使我们存在的"事实"。不过"理解"超乎了这种直接的感受。有史以来，人类便认识到自然是由相互作用的元素组成的，这些元素表达了存在物的基本观点。人所生活的地景不仅是现象的变化，地景还有其结构，并将意义具体化。这些结构和意义产生了神话（宇宙进化论、宇宙哲学），形成了定居的基础[1]。自然场所的现象学必须以这些神话为出发点。这么一来，我们不必再重述这些故事，不过必须问清楚这些故事所代表的是具体范畴中的哪一种理解。一般对自然环境的理解来自视自然为各种生活"力量"的原始体验。世界被体验为"你"而非"它"[2]。因此人被植入自然之中，依赖着自然的力量。随着人的心智能力的成长，从掌握这些扩散的品质开始，变得有更明确的体验，理解整体中的要素及其相互间的关系。这种过程因地方的环境而有所不同，但这不表示世界失落了它所具有的具体的、活生生的特性。诸如此类的失落意味着纯粹的量化，是与现代的科学态度分不开的[3]。我们可以将神话或理解区分成五种模式，在不同的文化中有不同的重要性。

理解自然的第一种方法是以自然的力量作为出发点，同时使这些力量与具体的自然元素或物（thing）[4]产生关联。古代的宇宙进化论大多专注于这种观点，并以此解释"所有的物"如何存在。创造经常被视为天与地的"结合"。因此赫西俄德（Hesiod）说："大地（Gaia）首先孕育一个与她本身相当的存在物，布满星光的苍穹（Ouranos）……"[5]这种原始的配对衍生出众神及其他的神话人物，所有的这些"力量"组成了"各式各样的中间物"。同样的意象可见诸埃及，世界被表达成介乎天（Nut）和地（Geb）之间的"空间"；只是天地的性别相反而已。大地在生命的源起扮演着"孕育者"的角色，是存在（tellus mater）最根本的基础。相反的，苍穹则是"高"而不可攀的；其形状由"太阳穹隆的轨道"所描绘，一般认为苍穹的特质是超越物质、秩序和创造力（雨）的。苍穹主要有"宇宙的"含义，因此大地可以满足人对保护与亲密的需求。同时大地在人行为发生处组成了扩展的地表。

天地间的结合造成了"物"之间更大差异的开端。因此山属于大地却耸向苍穹。高耸而接近苍穹，山是两种基本元素的结合所在。山因而成为"中心"，由此展开宇宙轴线，……能由一宇宙区域穿梭至另一处的点[6]。换言之，山是广大地景中的场所，能明显地表达出存在的结构。犹如场所

26. 勃朗峰（Monte Bianco）。
27. 维苏威火山。
28. 佩特拉的岩壁，约旦。

集结各种特质。除了上述的一般性特质外，还必须对石材的坚硬和耐久性加以说明。岩石和石头长久以来便因为它们的永久性，在许多文化中都被赋予重要的地位。一般山总是与人保持着"距离"，同时有点骇人，无法成为人定居的"内部"。因此在中世纪绘画里，岩石和山是蛮荒的象征；这种意义也同样保留在浪漫派的风景画中[7]。其他自然的"物"也表露出意义。树也使天地相结合，不只是因为在空间上树由地面升起，同时也因为树的成长和"生气蓬勃"。树每年都重新演绎着非常有创造性的过程，"在原始的宗教心灵中，树即宇宙，由于树使得宇宙能再生，同时总括了宇宙……"[8] 一般而言，植物表现出活生生的事实。不过植物也具有不太友善甚至骇人的造型。因此森林大多是奇奇怪怪和充满恐吓力量的蛮荒地。巴什拉（Bachelard）写道："我们不必在森林中待太久便能感受到极其渴望更深入地走向无止境的世界里。一旦我们不知要往何处走时便不知身在何处"[9]。只有当森林是有界线的扩展同时成为小树林时，才可以理解并且具有积极的意义。天堂事实上便是被想象成了一个界定的或包被的小树林或花园。

在天堂的意象中，我们面临了古代宇宙进化论的另一种基本的元素：水。人对水非常特殊的本质一直有所体认。旧约创世纪中，上帝在创造天、地、光明、黑暗之后，便将旱地从水中分开；在其他的宇宙进化论中，水是所有造型的原始本质[10]。因此水的出现可赋予大地自我意识；在诺亚洪水（Deluge）的传说中，表现"自然的失落"是大洪荒。虽然水与场所是对立的，但是水仍亲密地属于

活生生的事实。以媒介物而言，水甚
至变成生命的象征，同时在天堂的意
象中，四条河流自最中央的喷泉中涌
出。风景画的发展说明了水的重要
性，水扮演着赋予元素以生命的角
色。15、16世纪"理想的"地景经常
是在人类聚落的附近有个一位于中心
的河流或湖泊，耕地便由此扩展。后
来水被恰当地理解或描述成表现特
性最重要的地方元素，在浪漫地景
中，水又成为一种动态的大地力量
（chthonic force）。

　　以伊利亚德（Mircea Eliade）的话
来说，岩石、植物和水，这些主要的
自然的"物"使得场所变得有意义或
"神圣"。他写道："我们晓得最原
始的'神圣的场所'构成了一个小世
界：石头、水和树的地景"[11]。而且
他指出这类场所并非由人所抉择，只
是为人所发掘而已；换句话说，神
圣的场所系以某种方式向人表露其
自身[12]。在环境中神圣的场所扮演着
"中心"的功能，成为人类方向感和
认同感的客体，同时组成了一种空间
结构。因此在人对自然的理解中，我
们体认了空间概念的起源是一种场所
系统。唯有一种有意义的场所系统才
可能孕育真正的人类生活。

　　理解自然的第二种模式是自变
迁的事件中，抽取出一个有系统的宇
宙秩序（cosmic order）。这一种秩
序经常以太阳的周期为基础，成为最
不会改变的和壮丽的自然现象，亦即
方位基点（cardinal points）。在某些
场所中，这种秩序也可能和地方性的
地理结构有关，如埃及尼罗河的南
北方向构成了埃及人方向感的主要
元素[13]。这种秩序意味着世界被理解
为一种结构的"空间"，主要的方向
表现出不同的"品质"或意义。因此

29.罗马大草原。
30.树荫下的场所。约旦的佩特拉。

31.阿里西亚树林（Wood Ariccia），阿尔巴诺丘陵（Alban hills）。
32.挪威森林。

33.喀土穆的小树林，苏丹。
34.橄榄树林。位于卡塔查罗的圣·格雷戈里奥教堂（S.Gregorio，Catanzaro）。

古埃及人认为，太阳升起的东方，是诞生和生命的领域，而在西方则代表死亡的领域。"当您沉落于西方的地平线时，陆地是阴暗好似死亡的……（然而）天际破晓时，您从地平线上升起……万物苏醒过来，站立起来……万物之所以能生活全因您为它们升起"[14]。宇宙秩序的想法经常与某种具体的意象有关。在埃及，世界被想

象成有边缘和皱褶的"一个大平盘，平盘内面的底部是埃及平坦的冲积平原。而皱褶的边缘则是高山……这个平盘浮在水面上……大地之上的苍穹是一口倒过来的锅，界定出宇宙外部的界线"。苍穹被想象成由四根角柱所举起[15]。在北欧国家，太阳则没有那么的重要，一条抽象的"天轴"被想象成南北走向，世界环绕该轴旋

转。轴线的终点为北极星，在那儿由一根图腾柱（Irminsul）所支撑[16]。罗马也想象出一个类似的宇宙轴线，自北极星向南扩展的天轴（heavenly cardo）与代表太阳由东至西的地轴（decumanus）垂直交接[17]。因此罗马以南向为主要元素与北欧的宇宙哲学相符。理解自然的第三种模式是对自然场所的特性（Character）的定义，将自

然场所与人基本的特征相比拟。

　　特性的抽象化是希腊人所熟知的。就地形上而言，希腊包括了差异化和多样化的地势。所有的地景都有很清晰的界定，很容易让人想象到"个性"[18]。强烈的阳光、清新的空气赋予造型一种不寻常的表现。"由于地景表现出有秩序的多样化、明确性和尺度，因此置身希腊不会有陷入深渊或无所归宿的感受。人能亲近大地，体验其和蔼或恐怖"[19]。因此希腊环境的主要特质是场所具有独特的、可理解的特性。在某些场所，周遭提供了保护性，有些则带给人威胁性，有时又能让人感受到置身于一个界定完美的宇宙中心。有些场所的自然元素有非常特殊的形状或功能，例如角状的岩石、洞穴或水井。在"理解"这些特性时，希腊人往往将它们拟人化为人神同形的众神，而且任何具有显著特质的场所都成了特殊的神的表征。大地富庶的场所被奉为大地之神、司农神（Demeter）和天后的圣地，经由人的智力和规律所补充的场所与大地正好相反，它被奉献给阿波罗。在环境中被体验为一个有秩序的整体的场所，例如可以环顾四周景色的山，则被奉献给宙斯。临水的小树林或沼泽则被奉献给狩猎女神，在建造所有的神殿之前，露天的祭坛都在人所能理解的神圣地景中，在理想的位置上竖立起来[20]。因此我们了解希腊建筑如何以意义非凡的场所作为其出发点。利用自然与人的特性之间的相关性，希腊人获得了人与自然间的"和谐"，这尤其可以通过德尔斐（Delphi）表现出来。在那里大地古老的象征、世界的肚脐（omphalos）以及奉祀大地之神的冥府地穴（bothros），都被包被在阿波

35.位于维欧（Veio）的小河，拉齐奥。

罗神殿里。因此它们被"新的"神所接管，成为自然与人的整体观点的一部分。

　　自然也包含了比较难理解的第四种现象。长久以来光线（light）一直被体验为实体中的基本要素，不过古时候的人们把注意力放在太阳上，被视为一种"物"，而非更普遍性的"光线"的概念。在希腊文化中，光线则被视为是知识、艺术以及理智的象征，同时与阿波罗有关联，它吸收了希腊古代的太阳神（Helios）。在基督教中，光线变成强调重要性的元素，是与爱的概念有关的延续与结合的一种象征。在拜占庭绘画里，神光以"环绕于主要人物的神圣圈"所形成的金色背景来表达[21]，使得肖像成为瞩目的焦点。一处神圣的场所，因为光而得以清楚地表达，据但丁（Dante）所

36.德耶艾巴利（Deyr-el-Bahry），地景中的哈瑟帕索神殿（Hasepsowe）。

言："神光贯穿宇宙的情形是依其神性而定的"[22]。文艺复兴将世界变成一个小宇宙，神在所有的物之上。结果，风景画家将环境描绘为一种"事实"的整体，所有东西乃至最小的细节也好像完全为人所理解并受到钟爱。"真实透过爱变成艺术，艺术结合真实并将之提升到事实真相的更高层次，地景中所有这种亲热的爱都由光所表达"[23]。

光线虽然是最平常的自然现象，但是极不稳定。光线的状况从早到晚一直在改变，夜里黑暗充满了世界，一如白昼光线充满世界一样。因此光线与自然暂时的韵律有密切的关系，这种短暂的韵律构成理解自然的第五种维度。表现自然场所特色的现象是无法与这些韵律分开的[24]。所以季节改变了场所的外貌，有些地区很明显，有些则不怎么明显。在北方国家，绿色的夏天和白色的冬天交替更换，两者的特性由其显著不同的光线状况所决定。短暂的韵律很显然不会改变构成自然场所的基本元素，不过在许多情况下对自然场所的特性有极大的影响，因此经常反映在地方性的神话和童话中。在风景画中，因短暂的韵律以及光线的条件而呈现出地方性的重要性，自18世纪便有人开始对此进行研究，到了印象派的时候达到巅峰状态[25]。

在神话的思想中，时间和其他自然现象在性质上是相同的，也同样是具体的，在人本身的生活周期和韵律中，以及自然的生命里可以体验到。人在自然的整体中的参与具体地表现在仪式上，在"宇宙事件"中，诸如创造、死亡以及复活都被重新设定。虽然这些仪式并不属于自然环境，我们将在下一个章节讨论它结合了表达

37.德尔斐。雅典娜神殿。

时间的一般性问题。

物、秩序、特性、光线和时间是对自然具体理解的主要范畴。物和秩序是属于空间性的（具体的品质感受），特性和光线是指场所的一般气氛[26]。我们也可以说"物"和"特性"（在这里的意义），是大地的维度，"秩序"和"光线"则取决于苍穹。最后，时间是恒常与变迁的维度，使空间与特性成为生活事实的一部分，在任何时刻都使生活事实成为一个特殊的场所，赋予其一种场所精神。一般而言，这些范畴对人由现象（力量）变迁抽离出来的意义加以命名。在赫尔派屈（Willy Hellpach）有关自然和人类灵魂之间相关的古典著作里，他称这些意义为"存在的内涵"，同时说："存在的内涵在地景中有其根源"[27]。

2. 自然场所的结构
The structure of natural place

"自然场所"意指一系列的环境层次，上自国家、州郡，下至有树的影子的地方。所有的"场所"都由天与地的具体特质所决定。大地很显然是稳定的元素，虽然有些特质随季节而变，但是变异性比较大，比较不具体的苍穹也在"表现特性"上扮演着决定性的角色。以比较稳定的特质作为讨论的出发点是很自然的，这些特质在环境层次中成为日常生活中的综合舞台，亦即地景。

扩展性是所有地景独特的品质，地景的特性和空间的特质由其扩展的情形而定。因此，扩展多少是连续的，次场所可能在环抱的地景中形成，而地景对人造元素的理解能力也就有所不同。扩展的情形主要由地表的性质所决定，亦即地形的条件。"地形"简单的意思是"场所的描述"，不过一般是表示一处场所的实质形态。在我们的"地形"涵构中主要的意思是地理学者所称的地表起伏（surface relief）。在平坦的平原中，扩展是很普遍的和无垠的，不过地表起伏的变化经常创造出具有方向性和界定性的空间。

对结构和起伏的尺度加以区分是很重要的。结构可以用节点、路径和区域加以描述，亦即使场所"中心化"的元素，如孤立的山丘、高山或环绕的盆地，有些元素如山谷、河流、溪流指示了空间的方向；有些元素则界定了扩展的空间模式，如此较整齐的原野和山丘能形成的簇群。很显然这些元素的效果因其维度而有很大的不同。依照我们的需要，将微小、中等、超大三种层次加以区分是很实用的。微小的元素所界定的空间太小了，无法满足人的需求，而超大的元素又太大了。空间在方向和维度上适合人的住所的是中等的或"人性的"尺度。挪威森林（Norvegian forest）、法国北部平原（the compagne）和丹麦起伏的乡野可作为说明不同环境尺度的例子。在挪威森林，地表由小土丘和草丛所覆盖。地表并不是开阔的和自由的，而是由小土丘间的小山谷所分割。形成了一种像是为小矮人和侏儒所创造的微小地景。在法国北方，地表起伏由扩展的，但低而不规则的土堆所构成，这种超人性的尺度产生无垠的、"宇宙的"扩展的感受。丹麦的地景虽然也有点类似，但是尺度上小一点，因而产生一种亲密的"人性化"环境。虽然我们在水平维度上主张丹麦式的尺度，但是又想强调起伏

38. 德尔斐。阿波罗剧场和神殿。
39. 树和光。位于苏比亚科的神殿洞穴。

的垂直维度，一种"人性化的山丘地景"逐渐形成。意大利的托斯卡纳（Tuscany／Toscana）和孟菲拉多（Monferrato）的中央部分可作为例子。该处的洼地达到了一定的深度，使其受到阻碍变成"荒野"。利古里亚（Liguria）的情形也是如此，陆地被峡谷所贯穿[28]。相对之下，小小的变化便足以将动人而有秩序的山丘地景邻近区域变成混乱的迷阵。

我们所举的例子说明了地表起伏的差异如何影响地景的空间特质；甚至地景的特性。例如"荒野的"和"友善的"特性，就是起伏的功能，虽然这些特性可能被质感、颜色和植物所强调或与其相抵触。"质感""颜色"系指地表的物理性，亦即其上的沙、土、石头、草或水，而"植物"系指改变地表起伏最后的元素。很显然地景的特性由这些"次要的"元素所决定。相同的起伏可能成为"肥沃的"平原上"荒芜的"沙漠，完全依植物的有无而定。不过同样的起伏具有基本的共同特质，如"无垠的"扩展。例如法国北方不规则的平原所具有的"宇宙的"特质便经常可在沙漠中看到，不过该处都是肥沃的土地。所以我们体验的是如此令人迷惑的综合体[29]。

当植物成为主要的特征时，地景通常都由此特质而命名，就像各式各样的森林一样。在森林地景中，地表起伏并不像植物的空间效果那么重要。起伏和植物经常结合在一起，形成非常特殊的地景。例如芬兰连续的森林被相连的湖泊形成的复杂系统所"贯穿"，创造了北欧突出的特性，该处森林的微结构被水的流动性和"活生生的"元素所强调[30]。水的出现通常给起伏上缺乏这种维度的地景

40. 挪威森林冬天的面貌。

41. 扩展的地景。位于弗利的马雷基亚山谷（Valle del Marecchia, Forli）。

42.扩展的地景。位于普利亚的伊德利亚山谷（Valle d'Idria, Puglia）。
43.扩展的地景。罗马涅（Romagna）
44.扩展的地景。挪威冬天鸟瞰。

添加了某种微尺度，或给已经具有微层次的地景添加些神秘性。当水以湍流或瀑布出现时，自然本身就变成了流动的和动态的。湖泊和池塘的反射面也有种非物质化的效果，降低了地形结构的稳定性。最后，在沼泽地景中，地表有最大的不确定性。相反的，河岸或湖畔则形成清晰的边界，经常成为地景主要的结构元素。这种边界有双重的功能，界定水本身及其邻接的土地。很显然这种界定可以在所有的环境层次中产生，最广阔的是在海洋，形成"最后的"背景，陆地成为明晰的"图案"[31]。

透过地表、起伏、植物和水的相互作用，具有特性的整体或场所形成，构成了地景的基本元素。自然场所的现象学，很显然对这种明确的整体必须有一套系统的观察[32]。地表起伏上的差异衍生出一连串的场所，如我们语言中所熟悉的名称：平原、山谷、盆地、高地、山丘、高山。所有这些场所都有清楚的现象学的特性。平原是扩展的表征，山谷则是被界定的、具有方向性的空间。盆地是集中化的山谷，空间成为包被的、静态的。因此山谷和盆地具有超大或中等的尺度，峡谷所表现的特色则是"可怕的"狭小。峡谷有"黄泉"的特质，足以深入大地的"内部"。在峡谷中我们有被束缚或跌入陷阱中的感受，事实上，字的语源引导我们回去攫取，也就是"捕捉"。山丘和高山与山谷和盆地是互补的空间，是空间所界定的主要内容。山丘和高山一般的结构特质是由"坡度""山顶""脊脉"和"顶峰"这些字汇加以描述的。我们曾说明水的出现可以强调地表起伏的场所结构。山谷事实上是由河流所"强调"的，而盆地的意象则由湖泊所强化。而水也同样衍生出特殊种类的空间形态：岛屿、海岬、半岛、海湾和峡湾，所有这些空间形态都必须被视为最明显的自然场所。因此岛屿是一个最出色的场所，像是一个"孤立的"、清楚界定的图案。就存在的意义而言，岛屿引导我们回到起源；岛屿系由任何事物皆由此而生的元素中产生出来的。"半岛"表示"几乎是岛屿"的意思，语言表达了重要的空间结构。海湾也是强烈的原型的场所，可以描述成"退缩的半岛"。由植物所衍生的典型场所，如已经提及的森林、小树林与田野；我们必须记得它们在"活生生的"事实上的重要性[33]。

存在于大地之上意味在苍穹之下。虽然苍穹遥不可及，但是它具有具体的特质，同时在表现特性的功能上非常重要。在日常生活中，我们对苍穹往往习以为常；我们注意到天空会因天气而变化，不过很少注意到天空对一般"气氛"的重要性。只有当我们浏览与自己家乡完全不同的场所时，才会突然感受到天空的"低沉"与"高扬"，和我们所熟悉的大不相同。天空的效果主要来自两个因素。首先是天空本身的组成，亦即光线和颜色的品质，以及具有特性的云的表现[34]。其次是和地面的关系，亦即由下仰视天空的情形。在扩展的开阔平原上观之，天空变成一个完全的半球形；天气"晴朗"时，天空的容貌是包罗万象、广阔而壮观的。在有显著的地表外貌或丰富的植物的场所中，有时天空只有一隅可见。在空间对比下，地景变得亲切而又狭小。这并不是现代的感受；在古埃及记载中便已证实："你不能在往梅格（Meger在叙

45. 挪威森林。
46. 意大利中部的草原。
47. 丹麦起伏平缓的乡间。

48.位于孟菲拉多（Monferrato）的丘陵。

49.芬兰地景。

50.位于拉齐奥的维多基阿诺峡谷（Vitochiano, Lazio）。

51.巴西利卡塔（Basilicata）的海岸线，马拉泰亚（Maratea）。

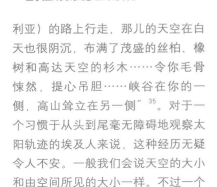

利亚）的路上行走，那儿的天空在白天也很阴沉，布满了茂盛的丝柏、橡树和高达天空的杉木……令你毛骨悚然，提心吊胆……峡谷在你的一侧，高山耸立在另一侧"[35]。对于一个习惯于从头到尾毫无障碍地观察太阳轨迹的埃及人来说，这种经历无疑令人不安。一般我们会说天空的大小和由空间所见的大小一样。不过一个

空间始于边界"出现"，由此我们了解了周围的"墙"的轮廓对狭小空间的重要性。在线形的地平面上，天空不再是广阔的半球形，而是被约简成地表起伏所形成的形状的一个背景。地景特性变成了相对于天空的一种轮廓写照，有时是稍微起伏的，有时是锯齿状的，与荒野一般的[36]。

气候对天空外貌的影响，就像

是天空般的空间特质的对位一样。在北非和近东沙漠区域，万里无云的蓝天强化了陆地的无限扩展。地景给我们的感受好像是一个永久秩序的具体化，以自我为中心。相反的，在欧洲北方的平原，天空经常是"低矮"而"平坦"的。即使在没有云的日子，比较之下，天空的颜色仍是黯然无光的，人们不会有置身于一个被环抱的

36

52. 挪威山谷。
53. 挪威岛屿。
54. 挪威峡湾。

圆顶下的感受。所以地面上的方向只能让人感受到扩展而已。不过地方性的地表起伏和光的品质，可能会有很多的差异。在海岸附近地区，大气的状况连续地变化，光线变成一种生动有活力而富有诗意的元素。比如，荷兰平坦的地表被分割成一些小空间，光线保有一种地方性和亲密性的价值。而法国北方的地景则是开阔的，浩瀚的天空成为不断变化的光线的伟大"舞台"。"光线世界"的体验，很明显地启发了哥特式教堂光亮的墙壁和莫奈（Monet）印象派绘画的灵感[37]。欧洲南方多半都缺少富有诗意的光线；强烈而温煦的太阳"弥漫空间"，触发了自然的造型或"物"的塑性。因此意大利风景画总是专注于雕刻性的客体，将环境描绘成平静而明亮的抽象客体[38]。

一般而言，大地是人们日常生活的"舞台"。受到某种程度的制约和形塑，和人类建立了一种友好的关系。自然地景成为文化地景，亦即让人发觉富有意义的场所存在于一个整体的环境之中。相反的，天空则仍遥不可及，由其"变异性"表现出这种特色。以结构的观点而言，这些基本的现象由水平和垂直来表达。因此人类的生存空间最简单的模式是在水平面上由垂直轴线戳穿[39]。在平面上，人选择并创造了中心、路径、领域，组成了人类日常世界的具体空间。我们对自然场所的结构所作的简要补充说明，意味着自然场所有许多不同的"层次"。一个完整的国家，由于其特殊的结构，可能成为具体的有特性的客体。因此意大利以中央一连串山脉延绵的半岛而闻名。在中央山脉的两侧形成了各式各样的地景：平原、山谷、盆地和海湾，由于地形的关

55.白云。吕讷堡（Lüneburg）荒地。

系，使得国家相当独立。在地景中，次场所提供人亲密住所的可能性。在次场所中我们发现了原型的退缩，让人仍能感受到大地所展现出来的原始力量。在阿西西（Assisi）附近的旧金山"监狱"或毗邻苏比亚科的圣本笃圣穴（San Benedict）就有这种特性的例子。在这些场所中，中古时期的圣者体验出自然的神秘性，即神的灵验[40]。为中央山脉所分割的斯堪的纳维亚半岛（Scandinavia），在结构上与意大利相似，不过面积较大，各个区域的空间特性甚至更加多样化。结果该半岛以明显的特性包含了两个国家，因此不至于使意大利在纵向上分割成"两半"。在挪威南端我们发现了主要的"手形的"山谷系统，以奥斯陆为中心，形成一个自然的焦点。挪威西部则被介于高山间一连串的平行海湾所分割，成为被分割的却又相似的地景。瑞典北方有狭长而平行的山谷的类似系统，南方则是由湖泊和山丘所界定的领域形成的簇群。两个国家的海岸环绕着岛屿带，形成意大利所欠缺的"微结构"。因此就结构上而言，方向性和认同感意味着在自然场所中对自然场所的体验。不同的"内部"因其结构特质而为人所"熟悉"。事实上在所有的国家中，我们发现区域和地景的命名都反映出具有结构特征的自然场所的存在[41]。因此个别的场所精神是阶层化系统中的一部分，必须以此种环境脉络视之方能完全理解。

3. 自然场所的精神
The spirit of natural place

我们在讨论自然场所的现象时揭露了许多自然因素的基本类型，一般而言是与天地相关的，或是表达这两个"元素"相互作用的情形。同时我们的讨论更表明许多地区的天空可能成为主宰的因素，而有些地区的大地则扮演重要的角色。虽然在任何地方这两种元素间会有某些相互作用产生，天和地在有些场所则被理解为一对非常特别而幸福的"结合"。在这些场所中，环境变成中等尺度的和谐整体，比较会让人有畅快和完全的认同感。在天空所主宰的地景中，我们可以很清楚地区分出"宇宙的秩序"所具有的重要性，以及变化的大气条件对环境特性决定性的影响。而在大地所主宰的地景中，必须以原型的"物"及尺度上的差异（微小－超大）加以分类。

浪漫式地景
Romantic landscape

在讨论原型的自然场所时，很自然地会以原始力量仍非常强烈的地景作为开端：如北欧森林及中欧某些地方，特别是斯堪的纳维亚。北欧森林以其很多不同的现象而闻名：地表很少是连续的，而是被分割成各式各样的地貌；突起、凹陷、林间空地、树丛、草丛，创造了丰富的"微结构"。

天空很少被体验为一个整体的半球形，而是介乎树林与岩石夹缝间的狭窄形状，并由云朵连续地装饰着。

相对之下，当太阳低悬时，创造了光、影所产生的各式各样的活动，而云和植物扮演着强化的"滤网"。水以动态元素的姿态出现，无论是湍急的河川或静谧的镜湖。

空气的品质，由潮湿的雾气到清新的空气，经常改变。

56.山谷与轮廓。苏比亚科。
57.叙利亚沙漠。
58.丹麦乡间。

　　总之，环境似乎是一个不断变化且神秘的世界，伴随着经常性的和偶然的惊喜。一般的不稳定由季节的对照和瞬息万变的天气所强调。我们可以说北欧的地景所表现出的特性是由各种不同的场所形成柳暗花明又一村的情景。在每座山丘、每块岩石背后都有一个新场所，只有在某些例外的情况下，地景才被单一化形成一个简洁的"单一意义的"空间。因此在北欧地景中，人面对许多自然"力量"，缺少了一般的统一秩序。这种情景很清楚地表现在北欧的文学、艺术和音乐中，自然的印象和气氛扮演着主要的角色。在传说和神话中，我们遇到了这个世界里神秘的居住者：地精、矮人和侏儒[42]。至今北欧人如果想"生气蓬勃"一番，便远离城市去体验北欧地景的神秘性。借此找寻要获得一个存在的立足点所必须理解的场所精神。通常我们可以将北欧世界描述成一个浪漫的世界，在这种观念下，北欧引导人们返回一个遥远的"过去"，必须经由情感的方式去体验，而非寓言或历史。

　　北欧地景中能有什么样的住所呢？我们已经提过北欧人必须用移情（empathy）的方式去接近自然，以亲密的感觉与自然生活在一起。因此直接的参与比抽象化的元素和秩序来得重要。然而这种参与并不是社会性的，而是意味着个体在自然中寻求其本身的"隐蔽场所"。事实上，北欧有句谚语："吾家即吾城"。移情与参与的过程很显然在不同区域以不同的方式进行。在丹麦，地景的尺度是人性的和田园的尺度，居所意指安居于低土丘间与大树之下，为变化的天空所拥抱。在挪威则表示在"荒野的"自然中寻找一处场所，在岩石和

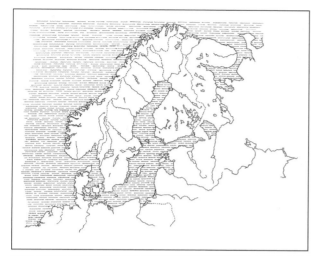

59.斯堪的纳维亚。地图。
60.阿西西。僻静的监狱。

61.意大利，地图。

黑暗阴郁的针叶林间，最好的是濒临湍急的溪流[43]。这两种情况表现出自然的"力量"，使定居变成人与自然的互动关系。使这些力量展现出来的主要特质是"微结构"。因此北欧的地景由大地所主宰，是大地的地景，不会轻易地耸立迎向天空，其特性是由一大群不可理解的细节交织而成的。

宇宙式地景
Consmic landscape

在沙漠中混凝土生活世界的复杂性被约简为一些简单的现象[44]：单调裸露的地面无限地扩展，万里无云的天空形成拥抱的苍穹（这种情形很少在岩石与树林间体验到），炙热的火球射出几乎没有阴影的阳光，干而热的空气告诉我们呼吸在场所体验中的

重要性。

就整体而言，环境似乎表明了一个绝对的、外在的秩序，世界因恒常性和结构而闻名。甚至时间的维度都没有任何的暧昧。因此太阳的行径描述着一个近乎精确的子午线，同时将空间分割成"东半球""西半球""半夜"和"正午"，亦即定性的领域，在南方很普遍地用来作为方位基点的名称[45]。日落和日出连接昼

62.生活于乡间的树下。丹麦。

63.浪漫式地景。挪威森林。

64.微小结构。挪威森林。

夜，没有阳光转变的效果，创造了一个简单的世俗韵律。沙漠中即使是动物也会参与这种无限的和单调的环境韵律，"沙漠之舟"的骆驼说明了沙漠的一切。

沙漠中唯一能令人感到惊喜的是沙暴，即阿拉伯所谓的haboob，不过沙暴仍旧是单调的，并没有表现出另一种秩序；它使世界隐藏起来并无须加以改变。

因此在沙漠中，大地并未提供给人足够的存在的立足点。沙漠中没有独特的场所，形成了一个连续的中性地表。而天空由太阳（以及月亮和星星）所组成,简单的秩序不会因大气的变化而有所模糊。所以在沙漠中，人面对着各式各样的自然"力量"，体验了最绝对的宇宙特质。阿拉伯的

格言背后隐藏着存在的情境："当你更向沙漠深处走时，你将更接近上帝。"信仰唯一上帝的一神论，早就在近东的沙漠国家实现。犹太教和基督教都发源于沙漠，虽然其教义经由巴勒斯坦较友善的地景变得"人性化"。然而在伊斯兰沙漠里找到了它至高无上的表现。对伊斯兰教而言，真主的概念是唯一的教条，每天须

65.宇宙式地景。沙漠与骆驼，约旦。

66.卢克索（Luxor）绿洲。

67. 古典式地景。阿尔巴诺湖（Lago di Albano）与蒙特卡沃（Monte Cavo）。
68. 卡拉布里亚（Calabria）的葡萄酒梯地。

样，组成了阿拉伯的空间表现。在这种抽象秩序中，没有什么真正的塑性客体行得通，没有了"阳光与阴影的把戏"，任何事物都被约简成表面和线条。绿洲住所有完整的范畴，包括了整体性和独特的地方性。

古典式地景
Classical landscape

在欧洲的南方和北方之间我们发现了古典式地景。一开始是被希腊人发现的，后来变成罗马环境的基本组成部分。古典的地景的特性并非来自单调性和繁杂性，而是清晰元素的合理组合：明显界定的山丘和高山，清楚地被划定出来，很少被北方横生的树丛所覆盖，想象得到的自然空间如山谷和盆地，以单独的"世界"出现；强烈而分布均匀的阳光，加上透明的空气，赋予造型最大的雕塑性表现。同时地表是连续而多样化的，天空高挂而和煦，没有沙漠中所体验到的绝对的品质，没有真正的微结构，所有的维度都是"人性的"，构成一个整体而和谐的平衡状态。所以环境包括了在阳光下突出而易于理解的"物"。古典式地景并不因为"吸收"阳光而丧失了其具体的表现。[49]

一般而言，古典式地景可以描述成在清晰而独特的场所中具有某种意义的秩序。所以库提乌斯（LudwingCurtius）写道："单独的希腊地景很自然地被视为一个界定完美的单元，看起来好像是整合的整体（geschlossenes Gebilde）。希腊对塑性造型和边界的观点，以及整体和部分的观点，都可以在地景中见到……"[50] 我们已经提出希腊人将许多由地景中体验出来的特性拟人化，

面朝麦加（Mecca）说五次"la ilaha illa Ilha"，阿拉是唯一的真神[46]。借着宣称上帝的唯一，伊斯兰教徒得以肯定伊斯兰教世界的统一，一个以沙漠的场所精神为自然模式的世界。对沙漠居住者而言，场所精神即是真神的表征[47]。就存在的意义而言，沙漠是以非常特殊的方式存在的，同时必须了解沙漠的存有物，才有办法使住

所成为可能。所以伊斯兰确信阿拉伯人和沙漠成了朋友。沙漠不再如古埃及人所理解的"死亡"，反而成为生命的基础。不过这并不表示阿拉伯人可以在沙漠中定居，定居需要有绿洲才可以，亦即在宇宙的超世界中需要一处亲密的场所[48]。在绿洲里，棕榈细长的树干由平坦而广阔的地表上升起来，好像创造垂直和水平的秩序一

成为人神同形的众神，使自然的和人性的特质产生关联。在自然中，希腊人找到了自己，而不是沙漠中绝对的神或北欧森林里的地景。这意味着人经由认识自己而认识世界，因此从完全的抽象性以及连接宇宙式或浪漫式地景所产生的移情作用中解放出来。所以古典地景使得人类共处成为可能，在整体中各个部分都保持了自己的特点。个体并非由抽象系统所吸收，亦不必去寻找人类秘密的隐蔽场所。因此一种真正的"集结"变成可能，实现了住所最基本的概念。

然而"古典人"如何在地景中居住呢？基本上我们可以说，他把自己安置在自然的前面，成为平等的伙伴。人身处其中而为人，视自然为人类本身在友谊上的一种补充。这种简单而稳定的关系有助于释放人类的活力，因此易变的北欧世界使得人在内省的天国里寻找安全感。当人或自己安置在自然的"前面"时，便将地景约简成风景（Veduta），事实上古典式地景很少在北欧人"走进自然"的观念中"应用"[51]。人与自然的结合更表现在农业上的实际应用中，强调地景结构为对这种比较独立的场所的一种"附加"。所以古典地景的场所精神最主要的表现是很清楚地界定人的爱心所关怀的自然场所。意大利著名的瓦尔达诺（Valdarno）可作为实例，该处的文化地景确实表现了古典的"调和"。一般这种调和表现为天与地的和谐均衡。在可塑性表现中，大地没有戏剧性地耸立，树上花团锦簇有其独特的可塑性价值。天空中金黄色的阳光和蔼地回应着，同时向人类应许了"面包和酒"。

69. 地景中的聚落。西米诺山的索里亚诺（Soriano al Cimino）。
70. 靠近亚眠（Amiens）的法国式草原。

复合式地景
Complex landscape

浪漫式、宇宙式和古典式地景系自然场所的原型。由天地间的基本关系衍生而来，是彼此相关的范畴，有助于我们理解任何具体场所的地方精神。然而就形态而言，它们很少以"纯粹的"形式出现，而是参与在各种不同种类的综合体中。我们曾提及法国平原的"肥沃沙漠"，便是浪漫的和古典的特质结合而成的一种特殊而有意义的整体，该地景使得哥特式建筑成为可能，对基督教的信息能有一种特殊而完美的诠释。我们也可提出那不勒斯（Naples）这样的场所，古典的空间和特性与海上浪漫的气氛和火山的大地力量交会在一起，而威尼斯宇宙的扩张与瞬息万变且金光

71. 那不勒斯港全景。
72. 维苏威火山口。
73. 咸水湖尽端的威尼斯。

闪烁的咸水湖表面相结合。相反的，布兰登堡（Brandenburg）的扩展被挤压在沙质的荒地和低沉灰暗的天空之间，创造出一种地景，充满了行军时表现出的单调而无生气的韵律。在阿尔卑斯山我们反而发现了一种"荒野而浪漫"的特性，主要是由于锯齿状的轮廓和不可理解的峡谷之间的对比产生的。可能性是形形色色的，决定了与"存在的意义"相符合的林林总总。

地景决定了主要的存在意义或内涵，这种观点可以由许多人搬到"陌生的"地景时所感受到的"失落感"而获得证实。习惯于广大平原的人，当他们在丘陵地国家居住时，很容易感受到"寂闭场所恐惧症"的苦楚，而习惯于亲密空间所围绕的人则很容易成为"开阔场所的恐惧症"的牺牲者。无论如何，对人为场所而言，任何地景的功能都是一种扩展的地表。地景包含了这些场所，作为对它们的"诠释"，同时也包含了自然的"内部"。我们已描述过这些"有意义的场所"，是因为它们具有特殊的结构特质而"为人所知"。因此居住于自然中，不仅仅只是"庇护所"的问题，同时更意味着将既有的环境理解为一组"内部"从超大到微小的层次。在浪漫式地景中，定居意指从超大到微小的层次中耸立；最直接的是大地的力量，因此上帝隐藏起来了。在宇宙地景中的过程则相反，包被的花园或"天堂"变成终极的目标。在古典地景中，人发现自己置身于和谐的"中间"，可以"向外"也可以"向内"。里尔克告诉我们："大地并不是你们所企求的：不知不觉就在我们身边出现吗？"[52]

74. 挪威地景。

75. 阿尔卑斯山地景。

III、人为场所
MAN-MADE PLACE

1.人为场所的现象
The phenomena of man-made place

居住于天地间意味着"各种中间物"中"定居"，亦即将一般的情境具体化为人为场所。"定居"的意思在此不仅表示经济上的关系，而且是一种存在的概念，表示将意义象征化的能力。当人为环境充满意义时便让人觉得"在家一般的畅快"。我们成长的场所就像"家"一样，走在特定的人行道上，或置身于特殊的墙面之间，或在特殊的天花板之下，都会有很清晰的感受；我们晓得欧洲南部住宅有凉爽的包被，北欧住宅舒适而又温暖。一般而言，我们认为"事实真相"让我们意识到我们存在的现实。不过"定居"则超乎直接的满足感。一开始人们便将创造一个场所理解为表现存在物的本质。人所生活的人为环境并不只是实用的工具，或任意事件的集结，而是具有结构同时使意义具体化。这些意义和结构反映出人对自然环境和一般的存在情境的理解[1]。因此对人为场所的研究必须有一个自然的基准：必须以与自然环境的关系作为出发点。

建筑史显示出人对任何事物原始的体验是"你"，同时也界定了人和建筑物及人造物（artifacts）间的关系。像自然的元素一样深植于生命中，便有了母性的（mana）或神秘的力量。事实上恶魔的力量所以被人制服就是因为给了它们一个住所，如此一来它们全都被禁锢在一个场所中，便有可能受到人的感化[2]。所以早期的建筑文明可以说是对自然理解

76.位于乌尔内斯（Urnes）木板教堂（Stave church）。挪威。
77.巨石结构。塞尼（Segni），拉齐奥。

的具体表现，并以上述的物、秩序、特性、光线和时间来描述。将这些意义"诠释"成人为造型的过程就是我们定义的"形象化""补充""象征化"，因此"集结"的功能有不同的目的，是将一处人为场所变成一个小宇宙。通常我们可以说人"构筑"了

自己的世界。

第一种建筑物的模式是将自然力量具体化。在早期的西方艺术发展和建筑发展中有两种主要的方法处理这个问题。将这种力量"直接"利用线条和装饰来表现，或将它具体化成为人为的物，代表上述的自然物。北

欧人所采用的是第一种方式，第二种方式则由地中海文化所发展[3]。在此我们将留意"地中海的"模式。早期的地中海建筑几乎都是使用大石头。在巨石建筑中材料象征的坚固性和恒久性系来自高山和岩石。恒久性被视为主要的存在需求，与人类的生殖能力有关。昂立的石头，menhir，是一块"构筑的"岩石，同时也是一种阳具崇拜的象征。庞大的和巨石的墙也将这些力量具体化[4]。透过抽象化的过程，这些基本力量被转化为垂直和水平的系统（"主动的"和"被动的"元素），埃及建筑中的直交结构（orthogonal structures）是这种发展的巅峰时刻。其他的自然意义也和这种系统有关，埃及的金字塔是"人造山"，用来表现一座真正的高山的特质，像是一条具有含义的垂直轴线，连接大地与天空，同时"吸收"阳光。因此金字塔将埃及神话中的原始高山和辐射的太阳神Ra相结合，并且视国王为太阳神之子。同时金字塔经由在绿洲和沙漠（生命与死亡）的地方，将疆土的空间结构形象化；一个纵向的肥沃山谷介于无限扩展的荒芜之地[5]。建筑物通常被定义为一个有意义的边界。最后我们可以说埃及人"构筑"了天空，在坟墓、庙宇和房屋中都以星星配上蓝色的背景装饰天花板。因此古埃及利用形象化和象征化将他们所理解的世界具体化。

我们曾说过洞穴为另一种原型的自然元素。在巨石建筑中，人造的洞穴塚墓（dolmen）被构筑起来以将大地的观感形象化。同时也是内部空间和女性的象征，人造的洞穴被视为是将世界表现成一个整体[6]，这种诠

78. 阶梯式金字塔。塞加拉（Saqqāra）。
79. 佩特拉的穴居。

释由垂直的"男性的"元素的介入得以完成，例如柱或垂直及水平构件所形成的直交系统。"苍穹与大地的结合"是古代宇宙进化论的出发点，因而表现在构造的形态上。马耳他（Malta）的巨石庙宇便是一个典型的例子，末殿（apses）包括了

一个矗石（menhir）和由直交系统清楚界定出来的边界。在古代建筑中，我们还可以体验到自然元素的其他表象。有无数柱子的爱奥尼克神殿被描述为"神圣的小树林"；而且早期文明的柱厅式（hypostyle hall）神庙经常以"柱林"（forest of columns）

49

80.阿梅诺菲斯（Amenophis）三世的神殿，卢克索。
81.位于哈夫拉（Chephren）的山谷神殿，吉萨（Gizah）。

的表现加以命名。事实上埃及神庙的柱子系源于植物的造型，如棕榈、纸莎草（papyrus）和莲。埃及的柱林代表"源自肥沃土壤中的土地和神圣的植物，带给了土地及其人民保护性、恒久性和生计"[7]。一般人对肥沃土壤的理解系将农业形象化。在文化地景中，自然力量是"本土的"（domestic）和生活的事实，由一种人类参与的秩序井然的过程所表达。因此花园是一个场所，在此生活的本质被具体化为一个有机的整体。事实上人总将天堂的意义理解为一个包被的花园。在花园里，那些自然中为人所熟悉的元素被集结在一起：果树、花和温顺的水。在中世纪绘画中，花园被描绘成一个充满"生命之树"的完美庭园（hortus conclusus），喷泉位于中央，由"荒野的"高山森林所环绕[8]。即使是水也被"构筑"，亦即被赋予精确的定义，成为文化地景中的一部分，或将之形象化为一个喷泉。在文化地景中，人"构筑"了大地，同时表现了它潜在的结构，使其成为一个有意义的整体。文化地景系以"文明"为基础，包括了界定的场所、路径和领域，具体化了人对自然的理解。

直交空间，类似洞穴的内部和文化地景暗示了一般的综合秩序，在某种程度上满足了人将自然理解为一个结构整体的需求，包括了所有的环境层次，由人造物到区域。然而对秩序的企求，首先体现在一个关于自然位置的宇宙秩序的"结构"中。埃及的直交空间包含了这个观点，它结合了太阳东西运行和尼罗河南北走向。而且埃及人一直在神庙的地板、墙面和天花上重现他们对天地的一般性印象。我们也有理由相信天空位于四根假想的柱子上系源自原型建筑的缩影，由平顶天花板及四个角落的柱子所形成。因此对自然环境的理解并不一定先于建筑物，建筑物的表现也可能成为认识自然的方法，如果能表达出结构的相似性，住宅还可能成为一个宇宙的意象模式。因此我们理解建筑基本的重要性是给人一个存在的立足点。北欧对宇宙的意象是一幢房子，以天轴形成柱梁（ridgebeam），而将图腾柱置于北向的两根柱子上，同时这也是宇宙半球体内一种简单的原型房子结构的投影[9]。中世纪"宇宙洞穴"的意象很明显是来自自然洞穴和人造洞穴，如罗马万神庙（Pantheon）[10]。在这种情况下，我们发现了一个介于自然和人为场所间的互惠关系。

罗马所拥有的洞穴意象和房子意象，再度表现了中世纪和北欧元素的交汇。在万神庙中两条交错的轴线被融会在洞穴式圆形建筑（rotunda）中，因而表达了世界是具方位性的，同时也是"圆的"[11]。

在都市层次上，罗马人以两条主要道路所形成的直角将宇宙秩序形象化；天轴（cardo）南北运转，地轴（decumanus）则是东西向。这种体系一直是许多文明所熟悉的，直到中世纪仍在盛行[12]。连接城市的四个地区（quarter）即出自交错轴线所形成的四个部分。在中世纪，爱尔兰和冰岛等被分成四部分。从12世纪至13世纪的中世纪，世界地图显示了四块对称配置的陆地由海洋（mare magnum）所环绕[13]。我们也想起基督教巴西利卡式教堂的翼殿形成了一个"十"字。

此宇宙秩序由空间的组织加以形象化，特性则由造型的清晰性来象

82.杰拉什（Gerasa）方场。约旦，背景是南北与东西走向的街道。
83.第二座天后神殿。帕埃斯图姆（Paestum）。

征。特性比自然的"物"和空间关系更容易让人理解，同时需要工匠特别的关注。事实上工匠具体实现时必须预设一套造型（式样）语言。此种语言包括了一些基本的元素，它们很可能是多样化的且以不同的方法结合起来的。换言之，这种语言由系统化的造型明确性所决定。在连贯的造型语

言发展中，希腊人踏出了决定性的步伐。我们已经指出希腊人的成就在于给和人类基本特性有关的各种不同的自然场所一个准确的定义。这种定义并不局限于某一场所对特定神灵的重大奉献，尽管这可能是第一步[14]。最重要的是这种定义包含了建筑物的象征性结构，神殿便使得这些有意义的

84. "自然的表现"与"人的表现"。
　　拉斐尔: 罗马的维多尼宫 (Palazzo Vidoni)。

特性表现出来。单独的神殿可以被理解成"同族"中的个体成员，正如众神形成一神族，象征凡间人的角色和相互间的关系。在族群中独特的差异首先由所谓的古典的柱式 (orders) 所表达，而且也表现出柱式中的差异以及各种柱式特征的结合。我们对柱式理论的知识可追溯至罗马建筑师维特鲁威 (Vitruvius)。他主张神殿必须依照供奉对象而采用不同的式样，而且更进一步地以人的特性来解释多立克柱子"装饰了人体的比例，表现了人的健壮和美丽"。爱奥尼克式的特性是表现了"女性的纤细"。而科林斯式是"模仿少女苗条的身材"[15]。因此希腊建筑的明确性不能仅以视觉或美学的观点视之，明确性是指使一种特性很精确地表现出来，这种简单或复杂的特性，主宰了建筑物的每个部位。文艺复兴建筑中的明确性仍以维特鲁威的传统为准。塞利奥 (Serlio) 宣称柱式为人的表现 (opera di mano)，意味着柱式表达了人类存在的不同模式。粗面砌石是自然的表现 (opera di natura)，亦即大地原始力量的一种象征。一直到18世纪，古典柱式仍是处理象征特性的基础，非常敏感[16]。

　　从建筑史也可了解其他相关的象征性语言。在中古欧洲建筑中，对建筑造型有系统的研究，具有象征秩序井然的基督宇宙的功能[17]。正如基督世界是建立在以精神作为存在事实的基础上，中世纪的明确性标志在"非物质化"上 (dematerialization) 的表现，忽略了人神同行的古典柱式。非物质化被视为光线的功能，成为一种神圣的表征。因此我们可以说中世纪的人构筑了光线——最不容易掌握的

自然现象。从此以后光线一直是表达建筑特性的主要方式。

　　我在"力量"之外又加了秩序、特性和光线，在自然知识的领域也加上了时间，基本上这是一种完全不相同的维度。时间不是一种现象，而是由现象的连续和变化所形成的秩序。不过建筑物和聚落是静态的，除了某些次要而易变动的元素以外。虽然如此，借着转换主要的短暂性结构成为空间的特质，人成功地"构筑"了时间[18]。最主要的是由于生命是某种"运行"，好像具有"方向性"和"韵律"似的。因此路径是基本的存在象征，具体化了时间的维度。有时候路径引导人达到一个有意义的目标，当运行受阻时，时间变成永恒。因此中心是将时间维度加以具体化的另一种基本的象征。原型建筑将中心的概念形象化，成为纪念性的耸立 (Mal) 和包被，而且经常结合在一起。在古文明中经常被理解为宇宙轴线。在卫城 (Acropolis)，耸立 (山丘) 和包被 (台地) 结合为一。在古代建筑中，通常会有一条神圣街道 (via sacra) 通向中心，该街道用于重新解释"宇宙"事件。在基督教巴西列卡教堂中，路径 (正殿) 和目标 (神坛) 结合在一起，象征基督教义的"救赎路程"。都市环境的主要现象、街道和广场，也属于路径和中心的领域。人为场所将人对环境的理解加以形象化、补充和象征化。此外人为场所也集结了许多意义。任何真实的聚落都表现在集结上，而其主要的形式是农庄[19]、农业村落、都市住所以及市镇或城市。所有这些场所都是主要的人为的或"人造的"场所，不过可区分为两种明显的范畴。前面两种直接与土地产生关联，亦即塑造了

85.建筑物与光。帕拉提那教堂顶部（Cappella Palatina），位于巴勒莫（Palermo）。
86.建筑物与光。亚眠天主堂（Amiens Cathedral）。

特殊环境的要素，它们的结构即由这种环境所决定。而都市住所与城镇则好像一个整体，与自然环境有直接的关系，不是很微弱便是几乎丧失了，而集结是将具有其他地方性根源的造型加以结合。这便是都市聚落的主要特质。因此重要的历史性城市几乎很难在表露出特殊自然特性的场所中发掘（如德尔斐或奥林匹亚），不过有些城市则介于这些场所中。因此这些场所变成包容各种意义的世界里所具有的广阔的中心。借着自然力量移入聚落中，使得力量得以＂被驯服＂，而且城市变成一项事实，＂协助人从惧怕自然世界所具有的黑暗神秘力量以及限制人活动的律法中解放出来＂[20]。例如在普里埃内（Priene）的城镇中，主要的众神被结合在一起，同时依据它们特殊的本质在都市区域中加以安置，所以能将城镇转换成一个有意义的小宇宙。不过也有其他的建筑物，公共的或私密的，利用古典的柱式使其明确化，所以和相同的意义系统有关[21]。不可否认的是，城镇的集结功能决定了一个复杂的内在结构，一个都市的＂内部＂。这对于阿尔伯蒂（Alberti）所宣称的＂小城市＂的住宅也同样有效。

透过建筑物，具有独特场所精神的人为场所被创造出来。这种精神系取决于如何形象化、补充、象征化或集结。在风土建筑中，人为的场所精神必须和其自然场所有密切的关联，而在都市建筑中则比较广泛。因此城镇的场所精神必须包含地域的精神以求其＂根源＂，不过场所精神也必须以大众所关注的内容加以集结，内容在各处各有其根源，借着象征化加以改变。某些内容（意义）由于非常普遍，因此可以应用于所有的场所。

87.路径与终点。美景宫（the Belvederd），
希尔德布兰特所设计，维也纳。

88.村落。位于托斯纳南方的皮蒂利亚诺（Pitigliano）。

89.路径与终点。圣·萨比那（Santa Sabina）教堂，罗马。

2.人为场所的结构
The structure of man-made place

　　"人为场所"表示一系列的环境层次，从村庄、市镇到住宅或其内部。所有的这些"场所"始于它们边界的"出现"（存在）。我们已经指出"出现"系由暗示与地表和天空间特殊关系的原则加以定义。因此要对人为场所的结构作一般性的介绍，就必须通过各种环境层次的理论探究这些关系。一幢建筑物何以站立和耸起？（事实上"站立"在此包含了横向的扩展，同时利用开口部和周围连接）。一个聚落如何与环境产生关联，而其外形又如何呢？这种问题使结构成为具体的术语，也使得建筑现象学有一个实际的基准。

　　任何人为场所最明显的特性就是包被，其特性和空间的特质系取决于

55

90.都市集结。普里埃内，小亚细亚。

91.包被。位于托斯卡纳的蒙泰利吉欧尼。

92.穹隆。圣卡塔尔多（S.Cataldo）教堂，位于巴勒莫。

包被的情形。包被可以是非常完全或不很完全，开口部和隐含的方向性都可能存在，场所的包容性便因而有所不同。包被主要表示一个特殊的区域借建筑边界从周遭中分离出来。包被也可能出现在比较不严格的造型中；譬如在密集簇群元素中，连续的边界是含蓄而非强烈地显现出来的。"包被"甚至可以由地表质感的变化创造出来。

在界定一种在性质上不同于周遭环境的区域时，不应该过度地重视文化的重要性。神圣的境域（tememos）是有意义的空间的原型造型，形成人类聚落的出发点。正如尼契克（Günter Nitschke）指出日本的各种文化现象，系源自土地划界（land demarkation）的过程[22]。地标本身是草或芦苇所形成的捆束，草或芦苇结合在中间形成一种扇状的人造物，形象化了大地与苍穹的分离（底和顶）。一种三维度的"宇宙"因而在既有的混乱中被界定出来。尼契克更指出最能表达（包被的）土地的字眼，岛（shima），是源自对土地占有的记号所给予的命名，岛让我们想起了德语中的Marke（记号，标志）和Mark（土地，例如Demark丹麦）之间类似的关系[23]。关于包被的"内部"我们可以再举出许多北欧的用语，例如城镇，tun（挪威语），týn（捷克语），系源自Zaun，亦即"藩篱"，"山谷"（Vallis）和"墙"（Vallum），"断崖"以及"柱"（Vallus）结合在一起[24]。包被确实始自其边界的出现。包被方式取决于边界明确的特质。边界决定了包被的程度（开口部）和空间方向，是相同现

象的两个方面。当开口部被引进一个集中的包被时，轴线便因此而产生，暗示着纵向的运行。我们发觉这种包被和纵向性的结合，早就出现在史前巨石群（Stonehenge），在那里"祭坛"自几何中心移开，以配合圣歌游行的路径，由东北方向进入此地区[25]。空间结构在建筑史上的发展，总是基于集中性、纵向性或两者结合的途径。路径和中心的概念具有普遍的重要性，因而获得肯定，不过运用这些主题的特殊方法绝大部分要由地方性所决定。集中性和纵向性经常由空间的上方边界所决定，例如半圆形的圆顶或桶状的穹顶。因此天花板可能决定或形象化内部的空间结构。一般而言，天花板界定了特殊种类的包被，即为人所熟悉的"内部空间"。没有天花板时，天空即扮演上方边界的角色，空间虽然有横向边界，但是还是属于"外部空间"的一部分。因此空间的光线若来自上方便有一种既是内部又是外部的奇怪感受。

都市主要的元素是中心和路径。广场很显然在扮演一个中心的角色，街道则充当路径。如此一来空间便被包被起来，空间的同一性事实上是由相对连续的横向边界的存在所决定的。除了路径和中心之外，我们还介绍过领域（domain）这个字眼，用以表达包被的基本形态。都市的市区就是一个领域，而且我们又发现边界具有决定性的重要性。因此市区若不是由某种醒目的边界所界定的，至少也是由表示边界的都市质感的变化所形成的。中心、路径和领域的结合可能塑造出复杂的整体，以符合人类对方向性的需求。以普托

吉斯的话来说[26]，人最关心的是一个中心衍生的领域，或"场"。这种情形就好像一个圆形的广场被集中的街道系统所环绕一样。一个"场"的特质是由中心，或一个规则而重复的结构的特质所决定。许多场所相互作用时将产生复杂的空间结果，各式各样的密度、张力和动态感[27]。

中心、路径和领域是一般性和抽象的概念，用建筑术语便能说明完形原理。更具体地说便是某种原型的形态由这些原理所衍生，甚至可加以区分为中心、路径或领域。在建筑史中，我们看过集中的造型，例如圆形建筑和规则的多角形所衍生的三维度量体。柯布仍视球体、立方体、方锥体和圆柱体为建筑造型的元素[28]。基本的纵向造型系源自围绕一个曲线或直线的空间组织，在建筑物和城镇中这些造型仍具有同样的重要性。最后在建立建筑物领域时，我们可以考虑各种空间或建筑物的簇群（clusters）和群集（groups）。簇群是基于这些元素间的相似性而形成的，同时表现出难以捉摸的空间关系。"群集"多半用于暗示一种规则的、可能是几何形的、二维或三维的空间组织。原型形态的重要性由世界任何地方的城镇和村庄所确认，不论是集中的、纵向的或簇群的形态。德国所常见的形态是放射村落（Rundling）、独街村落（Reihendorf）以及簇群村落（Haufendorf）[29]。特别有趣的两种空间形式是格子和迷宫。格子是"开放的"和直交的次结构路径。此种路径可用各种方法塞满建筑物[30]。相反的，迷宫的特性是缺乏直线和连续性的路径，同时是高密度性的；为传统

96.圆形村落。位于拉齐奥的帕隆巴拉萨比纳（Palombara Sabina）。
97.线形村落。位于拉齐奥的卡普拉罗拉（Caprarola）。
98.簇群村落与迷宫式空间。位于普利亚（Pulilia）的奥斯图尼（Ostuni）。

的阿拉伯聚落的形式[31]。

　　人为场所的特性绝大部分由"开放"的程度而定。边界的坚固性和透明性使得空间变成孤立的或较广阔的整体中的一部分。在此我们重新回到了内部和外部的关系上，这种关系构成了建筑最主要的本质。所以一个场所可以是一个孤立的庇护所，它的意义是由象征性元素所表达的，场所可以和一个"为人所理解的"环境相沟通，也和理想的与想象的世界有关联。最后的情形可见于晚期巴洛克建筑的"双贝壳"（double—shell）空间中；内部本身埋藏在光亮地区，象征无所不在的神光[32]。转换的区域往往也使得场所内部结构与自然结构或

99.双贝壳结构。齐默尔曼（Zimmermann）设计的维斯教堂（Wies church）。

100.在大地之上苍穹之下。天坛，北京。

101.架构。挪威西部的开放式谷仓。

102. 创作。位于突尼斯（Tunis）的泥屋。
103. 创作。位于克雷威（Kleivi）的仓库，阿莫次达（Aamotsdal），挪威。

人为环境发生关系。在此空间脉络中我们又想起了文丘里的话：〝建筑系发生在使用和空间的内部与外部力量的交汇处〞[33]。这个交汇处很显然是在墙的位置，特别是开口部，连接两个〝领域〞。

不过人为场所不仅仅是有各种不同开口部的空间而已。一幢建筑物是站立在地面上并耸向天空的。场所的特性多半决定于站立和高耸如何被具体表现。这对于整个聚落，如城镇，仍是有效的。场所之所以是悦人的，是因其清晰的特性使然，也因为大部分的建筑物都以这种方法和天地产生关系的缘故；它们好像在表达一种共同的生命形式，一种在大地上存在的共同方式。所以就构成了场所精神，斟酌着人类的认同感。

一幢建筑物如何包含普遍的和特殊的观点。一般而言，任何建筑物都有一个具体的结构（Gerüst），可以利用造型技术的术语，尤其是这种结构独特的明晰性来加以描述。在这种观点下，一幢原型建筑物是一间房子，其主要的结构是柱梁，在每个角落由（山形墙的）柱子所承受。这样的房子都有一种清晰而易于理解的秩序，在古代帮助人类获得了安全感。这种事实由语源学（etymology）和暗示结构的各种不同要素的术语之间的关系所确认。大梁（ridge）常指某种事物的脊顶，特别是一连串的高山。挪威语的相关字as表示〝高山〞和〝神〞，如同房子的屋脊。德语中的First（山脊）有许多含义，其中以Forst（森林）最有趣，暗示一般性的包被区域[34]。结构中最重要的是水平和垂直构件交会所在的〝山墙〞（gable）。在中古时期德语的Giebel表示山形墙，如同天空的柱子[35]。因

此我们又回到前述的房子与宇宙秩序
的关系上。不过在此脉络中必须强调
建筑物的意义是与其结构相关联的。
意义和特性不能只以造型或美学的观
点来说明，而是要像我们所指出的，
紧密地和创作过程发生关系。事实上
海德格尔定义艺术的"方法"乃付诸
实施（inswerk－setzen）[36]。此乃建筑
具体化的意义：在具体的建筑物的意
念下使一个场所发挥作用。因此一件
建筑作品的特性最主要由其所运用的
构造方式所决定：框架式、开放的和
透明的（潜在的或明显的），或是量
感的和包被的。其次才由营建方式所
决定，例如：镶嵌、连接、矗立等。
这些过程表达了作品成为"物"所代
表的意义。因此密斯（Mies van der
Rohe）说："建筑始于你将两块砖小
心翼翼地堆砌在一起时。"

营建方式是一种明晰性的观点。
另一种观点是"造型"。明晰性决定
了一幢建筑物如何站立、耸起以及如
何吸收阳光。"站立"是表示与大地
的关系，"耸起"则是表示与天空的
关系。站立经由基座和墙的处理方式
而具体化。一个大体量的、内凹的基
座与水平感的强调将建筑物"束缚"
在大地上，因此在垂直方向的强调则
倾向于解放它们。垂直线条和造型表
达了与天空主动的关系以及对吸收阳
光的渴望。垂直主义和宗教热忱是相
互结合的。天地在墙壁交会，而人类
存于大地之上的方法则以此交会的解
决方式而具体化。有些建筑物是"恋
地型"（ground－hugging）的；有些
是任意耸立的，同时也有很有意义的
平衡状态。这种平衡状态可见于多立
克式神殿，柱子的细部和比例表现了
站立与高耸。透过有微妙差异的处理
手法，希腊人能够在一般的平衡中表

104.创作。位于蒙特普齐亚诺（Montepulciano）的石造建筑。

105.矗立与高耸。茵斯布鲁克（Innsbruck）的街道。

106.矗立与高耸。位于塞利农特（Selinunte）的神殿。

达出细微的差别[37]。在帕埃斯图姆第
一座希拉神殿，柱子强烈的收分曲线
（entasis）以及其他的细部，让人有
接近大地的感受，符合神的特性。相
反的，在科林托（Corith）的阿波罗
神殿，完全抛弃收分，以表达该神比
较抽象而理智的力量。水平感和垂直
感之间的关系也由屋顶造型所决定。

平顶或斜屋顶、山形、圆顶和尖塔形
表达出与大地和天空各种不同的关
系，也决定了建筑物的一般特性。在
赖特（F.L.Wright）的住宅中，他想
同时表达对大地的归属以及在空间中
的"自由性"[38]。所以他将建筑物中
与地面平行的无限延伸的地板加以组
织，而且介绍了一个垂直的核心，好

107. 屋顶成为造型上的要素。希尔德布兰特在格特维克（Göttweig）所设计的大门。
108. 法国式窗户，巴黎。
109. 营建的建筑。斯特罗齐宫（Strozzi Palace），佛罗伦萨。

110. 洞口与量感。位于巴多尼奇亚（Bardonecchia）的农舍，皮埃蒙特（Piedmont）。
111. 连续的建筑。锡耶纳的街道。

像是在低沉忧郁的屋顶上抛下锚一样。空间中的（水平的）自由性也由墙上的开口以玻璃带的方式具体表达。墙在这里不再是要包被空间，而是引导空间的方向，使内部与外部结合在一起。

一般而言开口部扮演着将不同的内部与外部的关系加以具体化的角色，"洞"（Holes）在量感的墙上强调出包被性和内部性。因此在框架式墙上以大面玻璃填充，使建筑物"非物质化"，创造了外部和内部之间的互动。开口部吸收并透射阳光，因而成为建筑特性主要的决定因素。在大尺度的环境中，经常是由特殊形态的窗和门决定其特性的。因此窗和门变成装饰主题，浓缩并使地方性的特性形象化。最后必须说明材料和颜

色可能对特性的形成有决定性的影响。石头、砖和木头有不同的表情，表达了建筑物存于大地上的方式。例如在佛罗伦萨，粗面石头用以表达一种理性的、构筑环境所具有的"古典的"本质和秩序。相反的，在锡耶纳则采用连续的"非物质化"面砖创造出一种中世纪神圣的灵性气氛。材料和颜色的选择毋庸置疑地与其一般

"施工"息息相关，虽然某种独立性也可能是有意义的，就像是在建筑物的墙壁上涂油漆，颜色就只具有表达特性的功能而已。这种"自由性"很显然在包被的内部空间将更为普遍，由于内部与外部环境的直接接触不受影响，因此内部的特性意味着"深远"意义的集结。

在此脉络下与发展出一套有关人为场所系统化的地形学的目标相去甚远。我们已说明了农庄、村落、都市住宅和城镇是主要的范畴。更进一步的分类必须依照各种建立人类聚落的"建筑物的任务"而定[39]。然而我们必须重复人为场所塑造了环境层次的体系。若将聚落视为一个整体，就外部而言，是与自然或文化地景的内容有关的。就内部而言，聚落包括了次场所，如广场、街道和市区。这些次场所又包含许多具有不同功能的建筑物。在建筑物中我们又发现了内部空间。内部所包含的人造物界定了内在的目标（如教堂的祭坛或特拉克尔诗里的桌子）。各种不同层次的结构特质以及它们之间在造型上的关系，使得"生命形式"在个体及社会的观点下能够成为一个整体。稍后我们将介绍"私密性"和"公共性"的概念，以期将场所完全理解为一个"活生生的"整体。

就结构上而言，方向性和认同感意味着在人为场所中对人为场所的体验。不同的"内部"因其结构特质而为人所"察觉"。事实上在大多数的聚落中，都可以发现都市空间的命名反映出清楚的人为场所的存在，这种人为场所在结构上具有明确的特点[40]。人为的场所精神，若以空间和特性的观点视之，亦即就组织性和明晰性而言，全在于这些场所是怎样的一种场所。

3. 人为场所的精神
The spirit of man-made place

我们对人为场所现象的讨论，揭露了许多人为因素的基本形态，对于理解人为场所的结构以及与自然场所的关系非常有帮助。任何具体的情境之所以能为人所知，是因为有这些因素的特殊结合而形成的场所精神，如同一个整合的整体。有些场所能很强烈地感受到各种神秘的自然力量，有的场所主要的意图则表现在抽象的一般性秩序上，而有些场所的力量与秩序则达成一种易于理解的平衡状态。因此我们又回到了"浪漫式""宇宙式""古典式"的范畴。虽然这些范畴是抽象的，很难以"纯粹的"形式具体表达，不过它们表现出了具体的意图，因此可以对场所精神有一般性的理解。任何具体的情境事实上都可以用这些基本范围的综合来加以理解。一般以"建筑"来表示人为场所的具体化，所以我们可以谈论"浪漫式建筑""宇宙式建筑"和"古典式建筑"。

浪漫式建筑
Romontic architecture

我们以"浪漫式"称呼具有多样性的建筑。以逻辑的观点来看并不是很容易理解的，似乎是"不理性的"和"主观的"（虽然原有的意义可能是一般性的价值观）。浪漫式建筑的特性是内部具有一种"气氛"，可能是"幻想的"和"神秘的"，也可能是"亲密的"和"田园的"。浪漫式建筑通常以活泼而动态的特性著名，

且志在"表现"[41]。它的造型似乎是一种"成长"的结果而非出自组织，类似生命本质的造型。

浪漫式空间是地形的空间，而非几何的空间。在都市层次上意味着基本的形态是密集和不确定的簇群，而且是"自由的"和多样化的排列。都市空间以不规则的包被著称，同时以一般的方式包含机能，并非一味地追求不规则的、界定的分布。"强烈的"浪漫式空间和形态需要一个连续的和在几何上不确定的边界。对于周遭而言，浪漫式聚落由其元素的相似性或共同的包被而获得认同。

浪漫式建筑的"气氛"和表现性的特性是以造型的复杂与矛盾的方式获得的。简单而易于理解的量体被摒弃，转换成透明的框架式结构，线条成为力量和动态的象征。虽然这些构造可能合乎逻辑，但经常显得不理性，这是因为多样化的构件在细部上的变化和"自由的"装饰介入的缘故。内部和外部的关系经常是错综复杂的，浪漫式建筑物和聚落具有不规则的和"荒芜的"轮廓的特性。光线被用来强调多样性和气氛，而非一种可理解的元素。阳光经常有强烈的地方性特点，可以运用特殊的颜色加以强调。

中世纪城镇是浪漫式聚落的代表，尤其是中欧受到的古典的影响（自然的或历史的）没有像意大利那么强烈。中世纪城镇以高塔和尖顶而醒目，城镇的空间所表现的特性是尖顶山墙的住宅，以及丰富而不理性的细部。从"蛮荒而浪漫的"阿尔卑斯山聚落到德国北方和丹麦的建筑物，它们与周遭的田园式特性相互作用，特性依照自然环境而改变。例如在茵斯布鲁克，低深而神秘的拱廊使得房

112.浪漫式建筑。丁克尔斯比尔（Dinkelsbuhl）。
113.浪漫式建筑。塞勒（Celle）的街道。
114.浪漫式建筑。位于提恩特维特（Tjønntveit）
　　的景象，灰暗的色调上漆着白色的房舍，尼默谷
　　（Numedal），挪威。

子在地面上显得厚重而具量感，并以阶梯状和起伏的山墙耸向天空。在北方的城镇如塞勒（Celle），山墙的住宅变成了框架式，同时被转换成一种颜色的气氛游戏。在挪威，梯状的教堂和厢楼，卓越的浪漫式结构将北欧的特性表现得淋漓尽致，被粉刷成白色的住宅具体地表达了北欧夏天明亮的傍晚。当白色被创造出来时，夏天的傍晚事实上成为人所构筑的环境的一部分。阴沉的房子反映出冬天天空的神秘性，这同时也是梯状教堂内部的光线。在梯状教堂里"阴暗的光线"是具有意义的，如同神的显现一样。

在比较近代的建筑中，浪漫的特性在新艺术（Art Nouveau）中充分地表达出来，同时获得了美好的诠释。后来便以不同的基调出现，在阿尔瓦·阿尔托（Alvar Aalto）看来是"森林建筑"；在哈林（Hugo Häring）的作品中又不一样了，他志在创造一个有机建筑，亦即，建筑是满足功能的"器官"，好像我们身体的器官一样。因此哈林给浪漫的思路一个真正的定义[42]。一般而言，浪漫式建筑的多样化由某种基本的气氛所统合，这种气氛符合特殊的造型原则。因此浪漫式建筑是最具有地方味的。

宇宙式建筑
Cosmic architecture

以"宇宙式"命名建筑乃因其明显的一致性和"绝对的"秩序。宇宙式建筑可以被视为一个整合的逻辑系统，就超越个体的具体情境的观点而论，似乎是理性和"抽象的"。宇宙式建筑以欠缺某种"气氛"而著称，同时有受局限的基本特性。既不是"幻想的"也不是"田园的"，虽

115. 浪漫式建築—吉玛德（Guimard）自宅，巴黎。

116. 宇宙式地景。位于杰拉什的东西向大道。
117. 宇宙式地景。米利马（Mirimah）大清真寺内庭，伊斯坦布尔。

然有直接参与的意义，但是相当的冷淡。其造型是静态的而非动态的，好像吐露了"隐藏的"秩序，而非具体组合的结果。主要的目的是"需要"远超过"表现"。

宇宙式空间是极端几何化的，而且经常以规则的格子来表现，或是一种规则而等向性的直交轴线（南北向与东西向）的交错，虽然它的方向

在性质上略有不同，但是在性质上的差异并未被表现出来，而由系统所吸收。然而宇宙式空间也能以"相反的"角度视之，我们称之为"迷宫空间"。迷宫没有任何界定的或导向目标的方向，迷宫本身是无始无终的[43]。基本上迷宫属于"宇宙式"，虽然与格子比起来很像是另一个空间族。"强烈的"宇宙式空间需要一种清晰

的形象化系统。对于周遭而言，如果不考虑地方性的微结构，宇宙式空间可能会保持"开放"。宇宙式建筑的特性也以"抽象性"著称。所以抛弃雕刻式表现，同时企图以"地毯式"装饰（马赛克、釉面面砖等）或利用复杂的几何纹理，使量体和表面非物质化。水平性和垂直性并未表现出主动的力量，而是以一种简单的并置加以处理，成为一般性秩序的表征。

在伊斯兰建筑中，宇宙式得到了最大化的表现。因此伊斯兰城市是几何空间和迷宫空间的结合。主要的公共建筑都以直交的格子为主（如清真寺），住宅区则是迷宫式，这事实上表达了伊斯兰文化的沙漠根源以及阿拉伯聚落的社会结构[44]，毕竟这是同样的整体中的两个观点。水平性和垂直性（尖塔）的抽象表现，具体化了一般性的秩序，同时为宇宙式特性提出第一个建议。在内部空间这种特性变成理想世界的表征，白色、绿色和蓝色的天堂，亦即纯粹阳光的颜色、植物和水，代表人在沙漠旅程的目标。

不过宇宙式建筑也可以用另一种方式来诠释。我们已经描述了埃及人和罗马人绝对的系统。罗马人的状况对我们而言特别有意思，他们带着这种系统深植于各地，无视地方性的环境。所以罗马人通常都表现出以每一个单独场所形成必须服从的浩瀚宇宙（以及政治）系统的一部分。在罗马建筑中，这种秩序贯穿所有的层次，下至单独建筑物的室内空间。所以罗马人征服世界正好是其预设的宇宙式秩序的表征，"符合上帝的旨意"[45]。

近代，宇宙式秩序的意义已退化成具体化的政治、社会或经济结构

的空间系统。例如美国城市格子网的平面并不表示任何宇宙论的概念，而是表明一个机会"公开"的世界。这个世界是水平式与垂直式地开放的。社区水平式扩展，个人的成就借着由标准的地基所耸起的建筑物高度来暗示。虽然格子网有某种"自由性"，不过很难具体表达一个清楚的场所精神。因此宇宙式形态的空间系统必须成为更复杂的整体中的一部分。

古典式建筑
Classical architecture

由于建筑的特色表现出可想象性和明晰的秩序，因而将其命名为"古典式"。它的组织可以用逻辑的观点去理解，而其"本质"则必须依靠"移情作用"。在双重的字义下，古典式建筑因而变成"客观性的"。古典式建筑的特性是具体的表现，同时每个元素都有清楚的"个性"。造型并非静态的也非动态的，而是孕育着"有机的生命"。似乎是个别元素刻意组合而成的一种结果，同时给人以归属与自由的感受。

古典式空间结合了地形和几何的特征。个别的建筑物可以有一种严格的几何秩序，形成本身特征的基础[46]，然而几幢建筑物在一起时的组织则是地形的秩序。因此表达了某种"民主式"自由。所以古典式建筑的特征是缺乏普遍的和主宰的系统，其空间可定义为个别场所的一种附加的集群。因此古典式地景可被视为风景，古典式建筑则由透视的方法加以描述。古典式聚落在周遭环境成为清楚的、有特性的表现。

这种表现是由可塑的明晰性所获得的。在古典式建筑中，尽管所有

118.迷宫世界。图提岛（Tuti）的村落，喀土穆。
119.开放格子。麻省大马路，剑桥，马萨诸塞州。

的要素都有自己的个性，但是都可以浓缩并解释整体的一般特性，也可以稍加改变。每一种特性都成为与人类特质息息相关的特性"族群"的一部分。古典式建筑中的原始力量因而被

"人性化"，同时在广阔而有意义的世界里以个别的参与者出现。构造的逻辑被诠释成主动与被动构件的互动，所以古典式建筑的"构筑"是以一种直接的和可理解的方式来表现

71

120.古典式建筑。雅典卫城（Propylaea）的细部，雅典。　　　　121.古典式建筑。卫城，雅典。

的。最后，光以"塑造"造型的光影游戏强调构件和整体的可塑性表现。

我们已经提过很多希腊建筑，必须再加以说明的是，在希腊建筑的整个发展阶段，它代表了古典式建筑的原型。综观历史，希腊建筑与聚落间和谐而有意义的平衡状态，持续着一种理念，它始终流露在新的空间脉络里。在罗马建筑中，古典的构件非常强烈，然而在后期的古迹里则逐渐消失，可塑性的表现被"非物质化"和具象征性的光的建筑所取代[47]。然而在意大利文艺复兴中，一些古典式建筑的观点又出现了。再度赋予建筑物个别的可塑性表现和人神同形的特性，结合了简单而可理解的构造。我

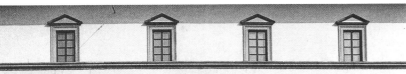

122.雅典娜胜利神庙（Athena Nike），雅典。
123.文艺复兴式。育婴堂（Ospedale degli Innocenti），佛罗伦萨，
布鲁内莱斯基（Brunelleschi）设计。

们也发觉空间组织被理解成"独立的"单元的一种附加物，与古典式希腊建筑不同的是，在一个广阔和同质的空间和概念里具有宇宙式含义，并反映出一种对和谐宇宙的信仰。不过同质空间的发展并未妨碍有意义的空间差异[48]。

在我们的时代里，古典的倾向仍扮演着重要的角色。因此柯布写道："建筑是量体在阳光下相结合时所演出的巧妙的、精确的和壮丽的戏剧。我们的眼睛是生来看那些在阳光下的造型的；阳光和阴影揭露了这些造型；立方体、锥体、球体、圆柱体和金字塔，这些主要的造型……；这些意义是清楚的，而且是毫不含糊的"[49]。柯布显然想追求可塑性的表现和可理解性，不过也能感受到某种"抽象性"，与希腊建筑"有机的"思路有所不同。真实的表现让世界更"亲切"，然而早期的近代建筑对此并不了解。

复合式建筑
Complex architecture

浪漫式、宇宙式和古典式建筑系人为场所的原型。它们属于理解自然的基本范畴，对我们诠释任何特殊聚落的场所精神大有帮助。然而它们的形态很少以纯粹的形式出现，而是参与到各种不同的综合形式里。在欧洲建筑史中，两种综合最令人感兴趣：哥特式教堂和巴洛克花园皇宫。哥特式教堂属于浪漫的中世纪城镇，不过超越了在自然环境中的依恋，在教堂里气氛性的光被转换成神的表征，几何形分割的结构代表了烦琐哲学所描述的井然有序的宇宙的可视化[50]。

因此教堂结合了浪漫式和宇宙

式的特质，同时透过透明的墙，将基督教的意义通过当地的诠释传播到城市，使得日常生活的世界有了宇宙的维度。在巴洛克花园皇宫中，我们发现了不同种类的综合[51]。在这里，宇宙的维度并不是借着光的表达作为精神的象征，也不是通过高耸的结构系统吸收这种光，而是以水平方向的扩展，几何形的网状道路，来具体表达君王位于系统中央，以及虚伪自负的专制主义。而且此中心还把"世界"分割成两部分：一部分是人为的都市环境，另一部分是"无限地"扩展的自然。靠近中央的自然成为一种文化地景（花圃），稍远的则比较"自然"（小树林），最后成为"荒野"。在巴洛克花园皇宫中，人为场所和自然场所结合在一起，形成一个综合的整体，具有浪漫的和宇宙的含义，就皇宫本身而言又好像是源自古典的建筑造型[52]。

都市环境以集结为基础，通常会提供许多认同感的可能性。所以在一个陌生的城市比在陌生的地景中容易有"在家"的感受。人类聚落的场所精神事实代表一个小宇宙，城市之所以不同是因其集结的情形不同。在某些城市人们能很强烈地感受到大地的力量，在有些城市则能感受到天空秩序的力量，还有一些则使人感受到人性化的自然或充满了光线。然而所有的城市都必须拥有这些使都市住所得以存在的意义范畴。为了让城市生活得以进行，在让你感到放心的同时，向世界开放。亦即定居于自然的场所精神，同时透过人为场所精神的集结向世界开放[53]。

124. 哥特式建筑。斯特拉斯堡大教堂（Strasbourg Cathedral）。

125. 哥特式花园皇宫。勒沃（Le Vau）与勒诺特尔（Le Nôtre）所设计的沃·勒·维孔王宫（Vaux-le-Vicomte）。

IV、布拉格
PRAGUE

1.意象
Image

　　很少有像布拉格那样令人着迷的场所。其他的城市很可能更壮观，更动人或更"漂亮"。不过布拉格深深地抓住你，令你难以忘怀，是任何其他场所所办不到的。

　　"布拉格是不会松手的——不论是对你还是对我。这个小地方有爪子。除了投降别无他法。我们必须从维谢赫拉德（Vysehrad）和赫拉德卡尼（Hradčany）两方面来焚烧它，唯有如此我们才能获得自由"[1]。

　　布拉格之所以令人着迷最主要在于它的强烈的神秘感。在这儿你的感觉甚至可能深深地贯穿到"物"中。街道、门槛、乡间楼梯，引导你进入一个无止境的"内部"。这种主题一再地出现在布拉格的文学作品中；对卡夫卡而言，更形成了其意象与特性的背景，在梅伦克（Gustav Meyrink）的《泥人哥连》（The Golem）小说中，古城镇中难以理解的空间是重要的主题。这些空间不仅在地平面上丧失自我，而且处于日常生活的背景之下。因此《泥人哥连》中象征性的内容集中在一幢有一扇窗而没有门的空房间里[2]。进房间时必须穿过一个隐藏的迷宫，在地板上找一个开口。如果我们想理解布拉格的场所精神，也必须这么做。这儿的房子在历史层面中都有很深远的根源，房子是从这些根源耸立而起的，具有独特的名称，暗示一段传奇的过去。在建筑上，这些根源由厚重、具量感的地面、楼板、低矮的拱廊和退缩的开口部加以表述。在古老的布拉格闲

逛时，空间总让人有"向下"的感觉，既神秘又令人恐惧，同时既温暖又有安全感。

这种对大地的亲密性只不过是其场所精神的一隅。布拉格也以"塔城"著称；事实上建筑物浸渗着垂直运行。都市空间的塔和尖塔，以及在古老房子中到处可见的老虎窗和山墙，成为众人瞩目的焦点。简单的垂直突起在布拉格似乎是不够的，中古时期教堂的高塔、市政建筑和桥塔被尖拱塔形成的簇群所环绕。在巴洛克教堂，垂直运行似乎被转换成了火焰耸向天空。因此大地的神秘性在苍穹的豪情壮志中找到了对位。

布拉格成为一个场所的力量，主要是因为人们彻底地感受到场所精神的存在，尤其是所有的老房子同时是恋地的和高耸的。然而某些建筑物特别强调地方性的特性，更重要的是这些建筑物是城市中不同地区的焦点所在。因此在旧城镇里，提恩教堂以簇群的哥特式高塔耸立在主要广场低矮的拱廊上方；在河另一侧的小城镇则受到巴洛克圆顶，以及量感的和由厚重台基升起的圣尼古拉塔的主宰。然而不仅是这样而已，就一个都市整体而言，布拉格也以地与天之间的对比著称。因此赫拉德卡尼城堡的陡丘与旧城镇水平扩展的簇群恰成对比，而且城堡本身在水平线上集结了地方性的特性，圣维特（St.Vitus）教堂位于该水平线上垂直耸向天空。最后的对比是著名的"布拉格景观"的装饰主题：垂直爬上小城镇望尽水平扩展的伏尔塔瓦河（Vltava）。世上有其他城市能在单独的风景中，从地景到独幢建筑物的明晰性包含所有的环境层次，并将特性具体表达出来吗？

布拉格主要可以分成两部分，旧城镇在曲折河流中的平坦土地上，小城镇和城堡山丘在另一侧，由查尔斯（Charles）桥连贯。在布拉格的确是"桥集结了大地，成为河流环绕的地景"，而且桥也集结了人对场所的贡献，成为独一无二特的城镇景观。所以地景和城镇景观结合在一起，事实上"布拉格景观"浸渗在景园之中，然而并不减弱人为场所的图案特性。从桥开始，就其完全的字义而言，整体被体验为一个环境；桥构成这个世界最中心的部分，很明显地集结了许多意义。

查尔斯桥就其本身而言便是一件艺术品；破旧而有点曲折的运行结合了街道两侧以及高塔和雕像，与横跨河流的水平系列的拱形成一种对位。

> 男男女女横越昏暗的桥，
> 　走过圣者的雕像
> 　带着朦胧的眼光。
> 云朵飘过灰色的天空，
> 　穿过教堂
> 　笼罩着高塔。
> 有人倾靠在桥上栏杆
> 　凝望夜里的河水
> 　两手倚在古老的石头上。[3]

因此布拉格之所以具有一种场所的力量也是靠它的幻想性。这个秘密并未使我们迷惑，难以捉摸的内部总是成为一个有意义的一般性结构的一部分，结构将这些内部系在一起，成为神秘而闪亮的宝石中的小平面。像一颗宝石一样，布拉格随着天气、白昼的时刻和季节而变化。阳光赋予其建筑物完全的可塑性是难得一见的。大部分的阳光穿过云层被过滤掉，塔变得"朦胧"，天空隐藏起来。尽管在布拉格，但是似乎比直接察觉到的

128. 由旧城镇广场所见的提恩教堂。
129. 布拉格景观。横跨伏尔塔瓦河（Vltava）的小城镇。

更为真实。不可见的表现被卡夫卡运用在"城堡"的开头，吟咏小说的主要气氛。在布拉格我们体验了一种特殊的"微结构"；这种结构的丰富性不仅存在于微尺度中，同时也存在于含糊的暗示中。夜里街道的灯光使得这种特性更为明显。光亮并不是连续的，在强烈的光线下，黑暗的区域发生了变化，让我们想起街道灯火创造一个场所的时刻。

布拉格的建筑是世界性的，然而它并未因此丧失其地方性的风味。仿罗马式、哥特式、文艺复兴式、巴洛克式、青年派（Jugend）和立体派的建筑物相处在一起，好像都是从同一个主题变化而来的[4]。中世纪和古典的造型经过转化以表达相同的地方性特性。来自斯拉夫东部、德国北部、法国西部和拉丁南部的装饰主题，在布拉格被融合成一个独特的综合体。使这种过程成为可能的催化剂正是场所精神，正如我们所言，是基于对大地与苍穹的特殊感受。在布拉格，古典式建筑变成浪漫式的，而浪漫式建筑吸收了古典的特性，赋予大地一种特殊而超现实的特性。二者都变成宇宙式的，并非由于抽象秩序的感受，而是心灵的渴望。布拉格很显然是一处伟大的交会场所（meeting place），集结了各种意义。

2. 空间
Space

当我们看中欧地图时，布拉格特殊的位置马上就突显出来。不仅是因为布拉格位于波西米亚的中心，而且是因为波西米亚又位于这个几个世纪以来一直是西方世界复杂而动乱的国家的中央。波西米亚的中心位置被几

130. 鸟瞰查尔斯桥。

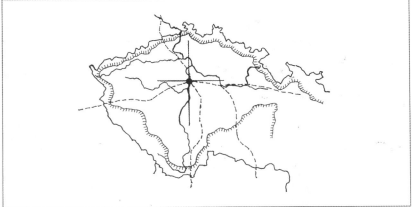

131.布拉格的冬天。
132.简要的波西米亚地图。
133.地景中的布拉格。

乎环绕整个地区的连贯山脉所强调。因而创造出盆地的样子，虽然土地上有各式各样的地表起伏和自然的"内容"。边界由植物所强化，肥沃的内部被高山的森林包被。一般而言波西米亚好像一个起伏而和善的乡村，同时包含了许多的惊喜，如荒野或奇怪的岩石造型。整个国家由南到北被伏尔塔瓦河及其支流易北河（Elbe）一分为二。以往渡河相当困难，只有一处浅滩居于便利而中心的位置。古时候的道路从乌克兰（Ucraina）和波兰穿过伏尔塔瓦河延伸到德国。在浅滩处，成为南方奥地利到萨克森（Saxony）和普鲁士（Prussia）的交会所在，因而形成一个非常重要的节点，而且早在16世纪便形成了聚落，也就是日后的布拉格。

波西米亚的地理特质使得这个国家注定要成为世界的中心。瑞士虽也扮演着同样的角色，但是地理的界定比较不清楚，也缺乏一个重要的节点。在欧洲由于有许多种族和文化的缘故，交会场所势必是问题的症结所在。事实上欧洲没有其他国家比波西米亚有更复杂和艰难的历史了。很显然是由于清楚的地理界定的缘故，使得第一个永久的定居者——捷克得以存在。在其有限的世界里，几世纪以来反抗着其邻邦企图占领边界地区所带来的压力[5]。综观历史，波西米亚因而成为一处交会场所以及人种混杂的"岛屿"，并且有自己清晰的识别性。这个国家的双重本性是该国非常有特性的主要原因。一个人种混杂的岛屿，总是在适当的土地上保存其根源，一处交会场所则广受整个欧洲文化的影响。当外来的输入来到波西米亚时总是被加以转换，证明了该地人民和场所精神的力量。

134. 水平性与垂直性。位于小城镇上方的赫拉德卡尼城堡。

135．布拉格及主要街道的模型。

在布拉格，中央的波西米亚起伏的地景被浓缩成一个特别漂亮的形态。沿着伏尔塔瓦河的大凹部，耸立着一座绵延的山丘，将弯曲的河流加以形象化。山丘和河流是相对而互补的力量，这股力量使得自然变得生气勃勃而具表现力。在曲线中，亦即山丘的对面，土地以水平扩展的方式展开，缓缓地向东南方升起。在河流的两侧——两处显著的孤立山丘界定了这个地区。这两处惊人的地景由目前查尔斯桥偏北的一个浅滩串联起来。在左岸的浅滩高度，有一个山谷可以到达城堡山丘和朝向西边的陆地。该地注定是一个都市聚落，不只是因为它的美丽，还因为它满足了中世纪早期的三种基本需求：适于市场场所的平地平原，适于防护性城堡的山丘以及适于连续与商业的浅滩。

在9世纪，捷克派密斯里德（Přemyslides）建造了第一座城堡，在890年，历史上第一位著名的捷克国王伯利伏（Bořivoj）在波西米亚增建了第一座教堂，供奉圣洁的圣母玛利亚。城堡的捷克语hard决定了其命名Hradčany（赫拉德卡尼）。有关布拉格最早的文献是由965年阿拉伯犹太商人伊伯拉亨（Ibrahim Ibn'Jakub）所撰。他提到该城由石头和灰浆所造，而且该地是全国最富庶的场所。包括了德国人、犹太人和拉丁的血统。在1200年左右，仿罗马时期的布拉格有25座教堂、许多修道院和一座石桥。右岸不同的聚落很快就被集结在一座城市的墙里。在1232—1234时，旧城镇（Staré Město）为一合法的不动产。小城镇（Malá Stranna）建于1257年，在1300年左右赫拉德卡尼的聚落取得了都市权。第四个城市，新城镇（Nové

136.提恩教堂内庭。
137.火药高塔。

138.旧城镇广场。

Město）在1248年由查尔斯四世在旧城镇附近增建。

所以早在中世纪时布拉格的空间结构就被界定了。城市根据自然情境找到了它的造型。最主要包括了三部分：位于平原上的密集聚落，山丘上的主宰性城堡，以及成为分割和连贯两者的元素——河流。我们看见该结构仍然存在，当我们由其中心——

桥去体验时将更为明显。在历史过程中，主要的并置由代代相传的建筑物所诠释和强化。山丘的垂直性在城镇里的尖塔中找到了回应，而对大地的眷恋则表现在水平扩展的城堡上。使得布拉格成为一个整合性的整体，介于水平和垂直，"上"和"下"之间的特别关系扮演着结合的力量。当我们在街道上或沿着河流行走时，城镇

140.旧城堡的桥塔。

141.查尔斯桥上。

老城堡的关系有了新的变化。并置的关系在历史过程中具有特殊的意义，所以城堡在中世纪城市意味着保护与安全，在布拉格城堡总表现出一种威胁。在赫拉德卡尼住着一些统治者，在许多重要场合讲着另一种语言，同时信仰非大多数居民所信仰的另一种宗教。事实上发生于布拉格的30年的战事始于一场叛乱，愤怒的群众依照"古捷克传统"将帝国统治者从城堡的窗口扔了出去。

自19世纪以来，布拉格发展成为工业都市，已发生了一些改变，削弱了一般的都市结构。旧城镇和新城镇之间明显的界定所凭借的城市墙垣已消失，虽然街道模式仍赋予城镇某

种空间特征。都市扩张环绕着旧核心，破坏了城市的图案特性，不过查尔斯四世几世纪以来向外的扩张使得布拉格只能在其墙垣内部成长。某些都市区域已经消失，尤其是位于旧城镇西北方的犹太区（Ghetto）。该地区是城市里最具特色的地区，只因其贫民窟似的条件，在1893年后便荒废。目前小城镇和赫拉德卡尼的一般性结构保存得最好；该地的居民仍旧由绿带所环绕，如城堡两端的佩特兰（Petřin）和莱特纳（Letná）花园，甚至仍保存着一部分城市墙垣。

布拉格内部都市空间仍遵循中世纪的模式，横接东西的旧街道扮演着中枢的角色，连接旧城镇和小城镇

这两个主要的焦点。当旅客沿此路径行走时，布拉格的历史便活生生地表现出来，渐渐地便在旅客心中形成丰富而连贯的城市意象。旧城镇残存的墙垣始于火药塔（Powder-Tower）（1475），该塔装饰华丽，但显然不只有城门的功能而已。在城门内一条保存完好的旧街塞拉特纳（Celetna）通向旧城镇的广场（Staroměskě Naměsti）。途中经过城镇最古老的地区提恩，几百年来商人在此对他们的货物致敬。提恩是一个大中庭，被一群房子所包被，中世纪的核心覆盖着文艺复兴、巴洛克正面。旧城镇的广场是一个大圆环，被位于中心的市政厅和紧邻的房子分割成一大一小的

87

区域。由比较狭窄的山墙式住宅所围绕，提恩教堂的双塔（始于1365）主宰着一切。从小广场到查尔斯桥（始于1357）的路径稍微有些曲折。桥的空间恰处其位，两端有哥特式高塔及城门，并由雕像加以连接。路径弯曲的行进是因为有些建筑物超出了旧朱迪斯（Judith）桥的基础（1158—1172），该桥毁于1342年。在进入小城镇时，另一条壮观而保存完好的桥街（Mostecká），通向小城镇的广场，重复着旧城镇广场的"环状"模式。不过该处的圣尼古拉教堂（1703—1752）紧邻基督学院，位于中心位置，而市政厅位于广场的东侧。内鲁多瓦（Nerudová）是另一条美丽而陡峭上升的街道，连接小城镇与赫拉德卡尼。事实上内鲁多瓦街在城堡下方继续向西延伸；而陡峭的山丘通向位于城堡本身与城堡城镇间的赫拉德卡尼广场。在此眺望布拉格的景观甚为壮丽；山丘和环抱旧城镇的河流上的拱圈反映出城镇的高塔和尖塔。城堡下方的小城镇，密集成群的住宅和花园很有韵律地沿着河流成阶梯状下降。不过我们的行径并没有在进城堡前就结束。该处簇群的中庭和街道表现出城市本身空间主题上的变化，在中心位置我们发现了天主堂壮丽的内部空间（始建于1344年）。

旧城镇和小城镇的都市结构遵循了早期的中世纪模式，新城镇则是特意规划的。新城镇位于旧城镇东侧的宽阔地带，自然需要采用放射状的配置。因此它没有集中而紧凑的结构，而是预示着旧城几乎被包被[6]。放射状的模式由三个大广场所呈现：以往分别是市集、马市和牛市。位于中央的是圣文采斯劳广场（San Venceslao，即Vaclavske Namesti），约有680米长，目前是全城主要的街道。直到现在新城镇仍维持相当大的开放空间和绿地。所以旧城镇是整个集合都市的密集核心。

当旧城镇的墙垣在19世纪倾倒时，街道仍照旧的模式配置，而新桥的建造联系河流两岸的主要街道。虽然查尔斯桥不再孤单了，但是仍继续保持着焦点的重要性，新桥完全融入城市"有机的"路径结构中。

布拉格第二条主要街道的特性是狭窄而曲折的巷道，所以具有明显的连续性，而且许多小广场也成为次要的都市焦点。在旧城镇中，由两侧进入的贯穿式住宅（Durchhäuser）是很常见的。所以人们能穿越城市某些地区而不必经过街道。这种特殊的空间特质对布拉格神秘的特质有决定性的贡献。内部的道路经常引导人们穿过一些大多由具特性的阳台（pavlač）所环绕的内庭。在过去这些阳台是产生多彩多姿生活的舞台。在空间上扮演着半公共性的转换功能，介于都市外部与住宅私密内部之间。我们因而理解布拉格的感受标准，人所以能穿透至深一层的内部系由其空间结构所决定。在小城镇中，空间则有时不同。这是一个富裕的市区，住宅都比较宽敞，彼此间的距离越来越小。丧失的穿透性又在上升和下降的运行中找到了。在小城镇中许多次要街道的阶梯，打破了地表的起伏，创造了富有变化而丰富的都市空间，展现了新的景色和一片综览全景的景观。

布拉格空间结构被集结，浓缩在其主要的公共性建筑物内部。从中世纪开始，地方性建筑一直保有其空间特质。一般而言，我们可以察觉一种追求整合性和动态感的强烈

143. 由丁岑霍费父子（C. and K.I.Dientzenhofer）所设计，位于小城镇的圣尼古拉教堂。

144.克里斯托夫·丁岑霍费（C.Dientzenhofer）所设计的圣尼古拉教堂正面。

希望。独特的和静态的单元由古典原则所组合的情形在布拉格比较少见。在圣维特教堂，水平和垂直的整合性比任何伟大的哥特式教堂都强烈，在拉迪斯劳大厅（Ladislao；Benedikt Ried 1493—1502）已经无法谈论"柱间"的问题，空间是一个不可分割的整体，渗浸于动态的运行中[7]。对空间的整合性与动态感的期望，在丁岑霍费父子克里斯托夫和基里安（Christoph & Kilian Ignaz Dientzenhofer）"脉动的"室内达到了巅峰[8]。在小城镇中的圣尼古拉教堂正殿系由克里斯托夫所建（1703—1711），包括了一连串相互贯通的椭圆形。在穹顶上的空间界线与地板产生了错乱。结果产生了空间的"切分音"（syncopation），在建筑史上表现出独特的创造性。

布拉格环境的丰富性与上述所强调的空间特质息息相关。这些特质不仅以多样化著称，而且也构成了一个可以想象的整体。我们可以归纳一下四个主要领域的基本结构：旧城镇位于平坦的岬上，由河流所环抱，并聚集在旧城镇广场四周。新城镇从旧城镇呈扇形展开，略为高耸，位于北方的圣维特山丘和南方的维谢赫拉德山丘之间，三个放射状的市集赋予其内部结构。在理想情况下，新城镇是一个圆形的冠状扇形，以在形态上延伸至较远的维谢赫拉德。小城镇位于山丘下，在内凹的山谷中沿着桥街——

146.小城镇的圣尼古拉教堂，细部。

内鲁多瓦的路径聚集起来。赫拉德卡尼在其他外凸山丘的领域上顺着山脊延伸。尽管新城镇从属于旧城镇，并没有独立的焦点，但是其他三个领域以有意义的内部模块为中心，模块具有其空间的特征，正如它们在城镇景观中以垂直的"地标"突出显示一般。所有的领域由查尔斯桥所整合。需要用许多介词来描述布拉格的空间结构，以暗示其丰富性。一般而言，由于这种空间结构是属于地形的，所以并没有表现出一种特殊的环境系统。因此可以有很多的诠释，并教导我们"方向感"并不只意味着可想象性，同时也是"发现"和"惊奇"。认识布拉格就像聆听一曲伟大的音乐：每次总会有新的看法。

93

147.由佩特兰所见的城堡与天主堂。

148.由城堡所见的景观。

149. 内部，帕勒（Peter Parler）所设计的圣维特教堂

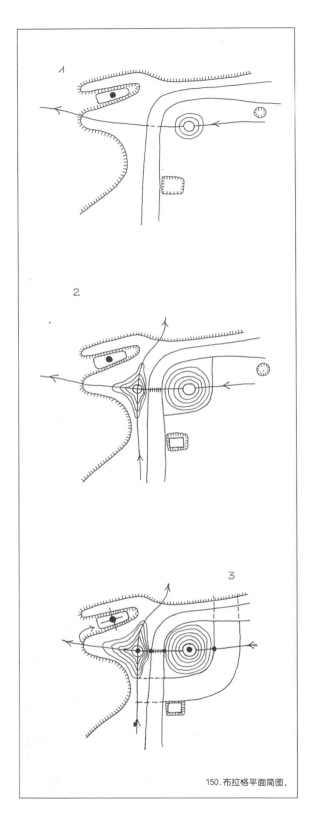

150. 布拉格平面简图。

151. 小城镇的街道。

152.利德（Beneddikt Ried）所设计的城堡中的拉迪斯劳大厅。

153.内部，由丁岑霍费父子所设计，位于小城镇的圣尼古拉教堂。

154. 波希米亚地景。

155. 在特热邦（Třebon）流行的巴洛克住宅。

3. 特性
Character

不考虑自然环境就无法理解布拉格的特性。由"自然环境"我们不仅能记住城市的位置，还可以使波西米亚成为一个整体。几百年来波西米亚引起了人们对国家的热爱，这不仅取决于特定的历史情况，还取决于影响居民认同性的独特的地理意义。过去这种认同性不只属于单一民族的特质，在宗教战争期间，捷克语和德语系的人民在两地共同作战，"国家"的性质遂成为最主要的地理概念。我们可以大胆地说波西米亚居民热爱场所精神；国家之所以为他们的国家是由于他们能与场所精神的特性相互认同。这种热爱一直表现在文学和音乐

上，不只是建筑而已。几乎没有其他的国家能有更完整而多样化的建筑了。这些主题是卓越的波西米亚风格，但是变化多端，给波西米亚人非凡的艺术才能提供了证明。就像罗马和其他伟大的城市一样，布拉格对外来定居的艺术家产生了非凡的影响。从帕勒到克里斯托夫，都变成了波西米亚式，并使他们的文化遗产适应当地语言。

那么隐藏在场所精神后面的自然现象是什么呢？我们已说明了波西米亚的环状内庭和破坏土地一般性连续的惊奇。面对边界时这些惊奇变成主宰；荒芜的岩石、温泉、深谷和不可穿透的森林，具现了自然的原始力量。波西米亚的地景特色并非来自简单而可理解的元素，如界定完美的山谷空间或具主宰性的高山。甚至可以说是任何事都同时在这里发生，歌德说明了这个事实："眺望波西米亚美丽的景观，其特殊的特性并非高山也非平原或山谷，而是同时呈现出来的所有事物。"[9] 很显然波西米亚的整体并没有这种"综合的"特性。不过这是国家中较具特色的地区里的明显标志，因而变成一般的"波西米亚式"特征。这种概括性是很自然的，因为波西米亚是一个简单而混合的地理单元。

在波西米亚所有基本的自然元素都表现在比较小而界定完好的区域中。高山、植物和水在这儿并不是分离的"物"，而是混杂在一起形成一个"浪漫式"小宇宙。大地以其不同的具现被体验为主要的实体，同时提出了人对认同感的要求。波西米亚的小宇宙集中在布拉格，并不是因为布拉格位于中央以及位于普遍意象中被视为最主要的特性元素的伏尔塔瓦河上，最主要是因为这个地方包含了所

有主要的自然"力量"。在布拉格我
们发现了起伏的平原、岩石山丘和水
的并置，因此该基地很漂亮地集结并
表现了该国的周遭环境。要完全体认
布拉格必须了解波西米亚。以孤立的
方式是无法理解的，只有视其为"世
界中的世界"，才有办法理解。

　　布拉格的建筑亦复如是。虽然
该城是各种艺术潮流的交会场所，
但是主要的建筑主题都与波西米亚
的风土建筑和聚落有紧密的关系。
都市空间的类型都很相似，在该国
任何地方都可发现连续而多样化的
街道，两侧是狭窄的房子，以及由
相同的"环状"拱廊围塑的广场。
南部的捷克·布杰约维采（Ceské
Budějovice）、西部的多马日利
采（Domažlice）、北部的伊钦
（Jičin）以及东部的利托米什尔
（Litomyšl）便是典型的例子[10]。基
本的聚落模式很显然是斯拉夫式环状
村落，可以是圆形或方形。事实上
波西米亚的城镇由环绕广场的单排
房子组成（新城镇的梅杜伊（Nové
Mésto and Metuji）。在某些场所，
房子是小而简单的，有些则较丰富，
不过基本的类型还是相同的。通常是
二层楼结构，在山墙上有三层楼。房
子面临广场时，拱廊是正常的处理手
法。小村庄里的木头房子也是如此。
这些房子有非常特殊的个性，主要表
现在量感的和稳重的外表上。底楼直
接在地面上，窗户较低而小，大屋顶
的视觉重量使得墙有被压得低低的感
觉。非常清晰和装饰华丽的山墙耸向
天空，与这些"拥抱大地"的特质恰
成对比。房子可能是哥特式、文艺复
兴式或巴洛克式造型，不过它们与大
地和天空的基本关系，几百年来一直
维持不变。区域性的差异仍旧存在，

156.小城镇广场。
157.小城镇的住宅。
158.由基里安·丁岑霍费在旧城镇所设计的王宫。

例如在波西米亚南方壁画式房子是白
色而且装饰华丽，不过仍维持着波西
米亚式特质。

　　在布拉格建筑中与天地间，波
西米亚式关系达到了壮丽的巅峰。
所有古老的都市空间很清楚地具现
了这些基本的主题，同时这些伟大
的建筑师赋予它们的特殊诠释，使

得建筑物能在清澄的光亮中耀眼夺
目。最好的例子是基里安在斯米乔夫
（Smichov）市郊[11]，即目前大众所熟
悉的波塞门卡（Portheimka）所建的
自宅（1725—1728）。长方形量体，
在四个角落有塔状的元素，中央为一
个向花园凸出的壁阶（ressault）。这
个方案是"国际性的"，与希尔德布

159.旧城镇中的"贯穿式住宅"及"阳台"。
160、161.基里安·丁岑霍费所设计的自宅,位于
　　波塞门卡。

兰特在维也纳的上美景宫(Belvedere Superiore)有直接的关系,不过这种表现纯粹是地方性的。在稳重的粗石面基座上,配合低台度的窗子,造型逐渐得到释放。主要的楣梁(architrave)在中央被打断,让位给尖拱的山墙,角落的塔穿过水平构件向上高耸。配上小小的假老虎窗强调

垂直运行。塔顶的檐板向上弯曲,成为豪气冲天力量最后的表现。同时水平带将塔和主要的量体连接在一起,并界定整幢建筑物,甚至在双斜屋顶的缺口处亦然。水平与垂直间较强烈而微妙的互动因而被创造出来,这种互动表达出对布拉格基本主题非常熟练的诠释。同时也可以指出另一种特

质。一般而言,正面的外表轮廓比较琐碎,与墙融合的窗户强调了平坦性。因此窗户反映出周遭植物和天空的颜色,赋予整幢建筑物某种非物质的感受,与庞大的量体特色恰成对比。在某些地方加上强烈而引人注意的可塑性;强调量体与表皮间的暧昧关系。在布拉格任何地方都可以发现相同的暧昧性,它创造出一种受大地束缚与"精神化的"都市特性。基里安的另一件主要作品是旧城镇里的圣尼古拉教堂(1732—1737),赋予相同的主题一种"神圣"而壮丽的诠释。此处的高塔和中央的壁阶逐渐由连续而水平的基座完全自我解放,并以强烈的动态感耸向天空。其他的例子不胜枚举,我们不会忘记布拉格主要的风景从水平和垂直"力量"间的"整合性分裂"中获得独特的冲击力。因此布拉格的建筑集结、浓缩了场所精神,使城市成为浸渗、深植于地方性意义中的一处场所。

构成布拉格街道老广场的房子改变了基本的主题。都市空间成为一连串的变异,有些空间比较含蓄,有些则比较富有想象力和壮观。在旧城镇广场中发现的最大的一组变异是拱廊的山墙房子围绕着大部分的空间。不是死板地排列,而是形成一种地形系列,赋予包被空间多样化和生命。房子非常狭窄,创造出一种令人惊讶的动态运行。这些变异在提恩教堂的后殿达到了巅峰,预示了圣尼古拉附近主要的明晰性。唯一的古老建筑金斯基王宫(Kinsky 1755—1766)在尺度上打破了边界的连续性。不过基里安再度证明了他的艺术才华与对场所精神的尊重[12]。抛弃使建筑物中心化单一且具主宰性的大门,利用双重的组合,以两个山墙的壁阶消除

163.旧城镇的圣尼古拉教堂,细部。
164.旧城镇的圣尼克拉教堂,内部。

大量体,使其符合一般的维度和都市边界的韵律。相同的适应性早就见于马泰(J.B.Mathey,1689)所建造的托斯卡纳王宫与菲舍尔(Fischer von Erlach,始于1715)所建造的克拉姆-葛拉斯王宫(Clam-Gallas,始于1715)。

我们一直将布拉格的特色描述成一个能够贯穿很深的世界。事实上在主要建筑的室内我们体验了这种特性,表现出经过进一步浓缩的特质,明显表达了都市空间和城市为一个整体。这种特性全靠特殊的明晰性,几百年来仍维持不变。伟大的表现首推帕勒所建造的天主教堂教师席(1352—1385)[13]。一般而言,该方案遵循了法国天主教堂的布局,不过在连接方式上表现出许多重大的革新。首先我们注意到拱廊被简化得像一堵连续有挖洞开口的墙。同时上层拱廊(triforium)和高窗结合在一起形成一大片的光亮面。内部由纯粹的穹隆所覆盖,在水平方向上融合了空间,同时在垂直方向上使之溶解。水平方向上的整体性由上层拱廊和高窗中斜向配置的纤细元素所强调,以连续波动的形式统一了跨度。空间的特性在量感的拱廊与非物质化的顶墙与穹隆间强烈的对比中显现出来,一般是以水平和垂直力量间强烈的互动来表达的。因此我们了解了一般生动活泼的建筑形态是怎样被修饰以符合场所精神的。

我们在赫拉德卡尼也可以见到相同的基本特征,由里德所设计的拉迪斯劳大厅仍极具原创性,同时有很成熟的诠释[14]。室内有一套完整的顶篷系列,侧面由量感十足的墙面收头。两种系统因而结合在一起:被大地束缚的"盒子"由墙组成,而非物质化的"神圣的"纯粹穹隆好像高悬在空间中。

拉迪斯劳大厅的主题在布拉格重要的巴洛克式建筑物中一再地出现。小城镇的圣尼古拉教堂"切分音的"空间,由完整的顶篷系列付诸实现,同样的解决方式被克里斯托夫(1709–1715)运用在布雷诺夫(Břevnov)修道院的教堂里[15]。弯曲的拱圈与具量感的外墙的中性表面相

165. 旧城镇广场上的金斯基王宫，由基里安·丁岑霍费与卢拉戈（A.Lurago）所设计。

166. 克里斯托夫·丁岑霍费所设计的布雷诺夫修道院（Brevnov church）

167.布雷诺夫修道院，内部。

抗衡的壁柱（Wandpfeiler）上成对角形式跨越。因此拉迪斯劳大厅和克里斯托夫所设计的教堂的主要特质是相同的，很显然是企图将大地与天空之间一种特殊的关系明显地表达出来。布雷诺夫修道院的外部也是布拉格建筑典型的样本；爱奥尼克柱式由连续的基座上升，罗列的老虎窗和布满装饰的山墙形成起伏的轮廓。

克里斯托夫之子基里安继承其衣钵一禀其意图，堪称布拉格最优秀的建筑师[16]。他在布拉格最具特色的教堂是在岩石上的圣乔瓦尼教堂（1730—1739）。在其他建筑物中再也找不到像波西米亚那么亲切而具动态的和戏剧性的品质，表现出无与伦比的能力。教堂位于岩石上，具有引人注目的效果，前方入口的楼梯强化了正面的垂直运行。平面可以被描述为一个"简化的多样化顶篷系统"。在中央八边形的纵轴上，内部的凸圆

105

168 位于岩石上的圣乔瓦尼尼教堂，由基里安·丁岑霍费设计。

169.位于岩石上的圣乔瓦尼教堂，内部。

170.卡拉蒂（F.Caratti）所设计的切尔宁宫（Czernin Palace）。

171.美景宫。

172. 丁岑霍费父子设计的罗瑞塔教堂（Loreto Sanctuary）。
173. 桑迪尼（J.Santin Aichel）在摩拉维亚（Moravia）设计的赖赫拉德教堂（Chiesa di Rajhrad）。
174. 桑迪尼设计的图恩—霍恩斯坦宫（Thun-Hohenstein），以及布劳恩（M.Braun）的雕刻细部。

构经由帕勒的改变，表现出地方性在水平方向和垂直方向的分歧。在圣维特教堂我们再也无法辨认出柱子到底是承受拱圈还是穹隆，在旧城镇的桥塔（1375以后）同样是由帕勒所建造，哥特式元素变成了运用在量感十足的量体上的"装饰"[17]。哥特式造型非结构性的诠释在瓦拉第斯拉夫大厅达到巅峰，原始的结构拱筋变成动态的装饰，无法很合理地将之区分为部分（partes）和构件（membra）[18]。因此在波西米亚，哥特式非物质化不应该被理解为征服和取代主题的"精神系统"，而是一种脱离大地的狂喜解放。事实上"狂喜"意味着"超乎场所之外"。

在文艺复兴和巴洛克时期我们达到了类似的目标。古典的柱式依旧存在，不过是以新的方式加以运用，同时有些已经过转换。某种反古典的态度已经出现在美景宫中，该建筑一开始是由意大利建筑师以纯粹的文艺复兴式造型建造的（1534）。后来加盖了一个鼓起的凹凸屋顶（1563），将建筑转换成一个可塑性的量体，同时表达出对大地的眷恋和高昂性。文艺复兴式造型另一种具特色的转换见于卡拉蒂（始于1668）的切尔尼宫（Czernin），帕拉第奥（Andrea Palladio）在此已经成为波西米亚式了。在丁岑霍费父子的建筑物中，古典柱式仍旧扮演着主要的角色，不过并不像作为特性的元素一样，赋予单独作品一种个别的表达；而是将浸渗于建筑物的动态垂直力量形象化。同样地，水平构件都被弯曲、破坏或打断，以表达基本的二分法，这构成了波西米亚特性的本质。古典建筑独特的装饰主题，如托架、山墙、老虎石，失去了它们系统性的意义，成为

面和横向的椭圆形，创造出一个"脉动的"空间有机体，被曾在拉迪斯劳大厅和布雷诺夫修道院体验过的连续而中性的墙所包被。不过在圣乔瓦尼教堂中，外部可塑性造型与内部的组织相吻合。外墙包裹在顶篷周围，使得室内空间在都市环境中呈现。同时墙似乎屈服于外部"力量"的压

力之下。因此在外部和内部的动态互动下，教堂便成为一个真实的集结焦点。水平方向与垂直方向的运行交相作用，并以无比坚定的信念加以表达。

我们对布拉格建筑特性的探讨，暗示着不同时代的式样经过了转换以符合场所精神。哥特式建筑的逻辑结

175. 布拉格的新艺术。巴黎街1906年以来的住宅。

176.布拉格傍晚。

可塑性的强调,使得空间边界的连续性仍能很有力地显现出来。因此古典建筑被古老世界的力量所吸收,一种神秘的世界以无可抗拒的力量攫住我们。

4.场所精神
Genius loci

我们对布拉格的空间结构和特性所作的分析,揭露了非常明显的场所精神的基本特征。这种"精神"有何意义呢?我们一直描述形成地方性基准的自然"力量",也理解布拉格主要是一个界定的与具有特色的区域里真实而有意义的焦点。它的"神秘性"并不是人为的,而是对既有自然环境的一种反映。对环境"移情的"诠释,不过也同样反映出该国的历史。在波西米亚一直都需要面对存在的立足点而奋战,根源必须非常经得起外在力量的考验,一而再再而三地威胁着来自生活的地方性造型。深深的根源意味着强烈的认同感,在特殊的波西米亚环境下也同样意味着强烈感受到与外来输入的关系。在焚烧胡斯(Jans Hus 1369—1414)之后,二百年来的教会纷争,影响了欧洲的政治和文化生活,也成为波西米亚的重心,在我们的时代中,捷克(Czechoslovakia)已经有了持不同政见者的势力。

除了地方性品质之外,波西米亚的场所精神也反映出许多"影响力"。捷克人的斯拉夫背景很清楚地显现出来;来自东方的造型,尤其是高塔和尖塔上的葱形圆顶经常可见,他们对轮廓的热爱令人想起俄罗斯人的教堂和修道院。更强烈的影响系来自德国,不过这些输入的主题,如遍及各地的教堂及壁柱,在移植到波西米亚的土壤时完全被转换了。没有意大利的输入,波西米亚的文艺复兴式和巴洛克式是无法想象的;尤其是当地的巴洛克风格代表了波罗米尼和瓜里尼(Guarini)意匠的最丰富的发展[19]。甚至法国潮流也影响了波西米亚,透过奥地利或直接受到在布拉格开业20年的法国建筑师马泰的影响。不过在这些情况下,外来的输入都被场所精神所转换。结果形成了一个非常广泛的综合体,各种偏差的片断变成"记忆",如镶嵌物一样以真实的宇宙拼嵌花样掺杂在一起。

一般而言波西米亚式综合让人感到一种肉体与精神的分歧。有人曾谈论波西米亚宗教具有慈母般的温馨,同时又有令人狂喜的特色[20],不过温馨和狂喜并非总结合在一起。在16世纪的意大利,我们可以感受到肉体与精神的关系很可疑地分离,而米开朗琪罗的作品则表达出一种基本的人性问题。巴洛克艺术提供了解决方法,狂喜的参与带来了意义与安全感的观念。巴洛克式也在波西米亚对地方性情境提出了解决方法,因此我们理解了为什么巴洛克会成为波西米亚最杰出的艺术。这种参与引发了各种诠释;在丁岑霍费父子的作品中表达了一种救赎的方法;顶篷结构把苍穹拉近了,同时以信任和爱心与大地接近。意识形态由覆盖于顶篷四周开放而稳固的墙具体地表达出来。然而另一位18世纪的建筑师桑迪尼[21]则赋予波西米亚不同的诠释。在他的作品中,苍穹仍保持着遥不可及的感觉,而且空间被一种"冷"且有点吓人特性的墙所包被。他对抽象的哥特式造型的特殊运用,更剥夺了建筑物任何由人神同形所产生的温馨。我们面对的是一个悲惨的世界,在这里,人类被囚禁的状况似乎不可避免，而不像丁岑霍费父子所传达的那么安全。而桑迪尼的作品并不是一种孤立的现象；在卡夫卡的作品中以更强烈的真实感表达了相同的诠释。对波西米兰的艺术，以及直至今天的捷克超现实主义而言都是相同的。这种"悲剧性"的解释总是以一股巨大的暗流存在着。[22]

然而不管如何诠释，波西米亚建筑一直保有其特性，布拉格扮演着浓缩且表达特性的场所角色。往来于该国我们体验到波西米亚的主题稍微带有粗犷的造型，特别沉重而具量感的房子与城堡，冠着洋葱形圆顶的纤细尖塔，画境式及多样化的运用颜色。在布拉格这些元素被集结而加以结合；主要的地方性色彩变成世界性的，外来的一切都顺应于该场所。不过集结也意味着回馈，表示由中心所赋予的"说明"再辐射回去，使得每个区域都可以完全理解它们在整体中的角色。几乎没有哪个城市能履行比布拉格的"主要规范"（caput regni）还更令人信服的角色。

布拉格场所精神的结构也由于该城市在历史轨迹里保存其特性而获得肯定。基本的空间结构由自然场所加以暗示，而且从一开始就被确定。布拉格历代的统治者并没有企图引进任何抽象的或外来的计划，而是使他们的贡献适应已存在的事物。例如巴洛克式并未改变都市结构，丁岑霍费父子的两座圣尼古拉教堂反而更强调古老的焦点。而且赋予古老的房子新的正面，且未改变其环境。类似这种场所精神的保存，也见之于其他捷克城市，如泰尔奇（Telč），该处中世纪式、文艺复兴式、巴洛克式住宅沿着广大的市集排列，像是一个大家族的

成员一般。布拉格的魅力非常依赖其非凡的连续性，好像是强而有力的意志，要求新生代同心协力在都市艺术中创造出一件独特的作品。

目前布拉格已略有不同，不过仍保有昔日的风采。四海为家的社区已消逝，往日多彩多姿的通俗生活亦已消失。经济结构也有了重大的改变，古老城市的商人必须顺应新的机能与机构。不过场所依旧是原有的都市空间，原有的特性，晚期巴洛克多色彩的装饰被漂亮地修复，使得方向感和认同感能够超越由直接的经济与政治系统所产生的安全感或畏惧感。从新的社区邻里进入古老的布拉格时，便能对它们的特性有一种肯定。如果不是古老的中心，目前的布拉格将变得荒芜，居民也将被约简成疏离的鬼魂。在古老的犹太区于1900年倾倒后，卡夫卡说："它们仍旧与我们共存，阴暗的街角、神秘的巷道、百叶窗、污秽的内庭、嘈杂的酒馆、隐匿的客栈。我们走在新城镇宽阔的街道上，不过我们的步子和行色是那么忐忑不安。骨子里仍是步履蹒跚，好像是走在古老而可怜的巷子一样，我们知道没有任何的余地。不卫生的古老犹太区比新的卫生环境更接近我们真实的生活。我们犹如在梦中漫步，唯有在昔日的幻影中才能找到自己。"[23]

177.由恩图曼眺望图提岛和喀土穆的景观。

V、喀土穆
KHARTOUM

1.意象
Image

到喀土穆游览的人马上会对其明显的特质留下深刻的印象。荒芜的沙漠国家水平地扩展，伟大生命的赋予者尼罗河缓慢地运行，无垠的天空，炙热的火球，结合起来创造出一种独一无二、强而有力的环境。

很显然尼罗河沿岸的许多场所都有类似的特质，不过喀土穆地处特殊之地：位于两条尼罗河交汇处，来自南方高雅的白色河流以及来自东方湍急的蓝色水流。

我们的感受不仅是身处尼罗河创造的长条线州中，同时是在一个"岔路上"，一处交会场所，吸引人在此聚集定居。城市喧闹而多彩多姿的生活，肯定了我们对自然情境自发性的注解。

以一个场所而言，喀土穆的特质不仅由地理和地景所决定。虽然城市并没有任何伟大的纪念性建筑遗产，但是都市环境有清晰的结构与特性。尤其旅客自发性地察觉到喀土穆系由三个不尽相同却息息相关的聚落所组成。事实上喀土穆素以"三个城镇"闻名。在1898年为英国所征服后，在由基奇纳（Kitchener）勋爵所规划的殖民地城市中，宽阔而规则的街道形成一个意义非凡的转折点，通往伊斯兰教徒统治时期（1885—1898）苏丹首都恩图曼（Omdurman）的迷宫世界。最后，此喀土穆结合了双重的特性，并使其与今日的工业城镇产生联系。第四个非常有意义的元素为图提岛，该地的地景和风土聚落给旅客留下了基本的印象。这个聚落是在1560

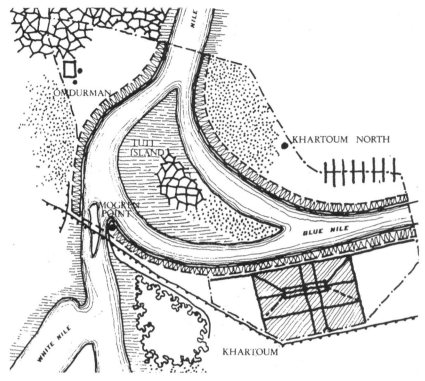

178.三个城镇。简图。
179.白尼罗河。

年形成的，为该集合都市中最古老的聚落。位于两条尼罗河交汇处，图提岛形成了喀土穆真实的核心或"心脏"，不过这个核心并不是纪念性的都市中心，而是人与自然间简单而原始关系的表达，随着人们学会更好地了解场所，这种关系变得越来越重要。

对喀土穆的体验也由其广阔的尺度所决定。尼罗河非常宽阔，由于三个城镇稍稍自河岸退缩，以致无法有完整的视觉感受。在集会都市里不同的地区给人的感受彼此都相差很远。事实上喀土穆并不是一个逛一逛就能体验出什么的场所！虽然它位于非洲大陆，但是在尺度上与其周遭的国家很协调。而且喀土穆仍具有一种亲密性，即任何真实的场所都拥有的清晰的特质。喀土穆殖民地街道都是拱廊和夹道树，赋予我们空间的立足点，狭窄的巷道，恩图曼的内庭是真实的"内部世界"，两个城镇的suk（市集）都是社会生活的焦点，每个人在那里都能体验到参与感和归属感。在此我们触及喀土穆场所特性的本质：广大的外部关系与真实的内部性结合在一起。

不过喀土穆的外部关系不是平常的道路网或铁路网。没有一条单独的道路联系都市中心与其他各地。想要到达喀土穆就必须穿越周遭的沙漠。沙漠中没有主要的方向，让人产生一种普遍性的开阔感受。实质环境的隔绝意味着场所的图案特性必须加以强调：因此喀土穆具有古老的特性，在没有特殊的地形特色和完全融成整体而连续的自然背景中，扮演着"图案"的角色。到处都是沙漠；不仅在聚落边缘的房子的四周，而且在三个城镇的最中心地区的脚底下也有沙漠中的沙粒，到处都能感受到那无限地扩展。即使在靠近池边的树木繁茂地区，如介于喀土穆及尼罗河右岸间迷人的嵩特（Sunt）森林，树木的生长也像是在连续沙地表面上的"个体"。在频繁的沙暴中，沙漠变成一个吓人的存在事实。

尼罗河是唯一足以对抗沙漠的强而有力的元素。不过这条河流并未带给平静的自然环境任何戏剧性。也没有在平坦而广阔的土地上创造出任何包被的山谷[1]。简单的自然空间单元被无垠的万里晴空及戳穿各地的强烈

180. 恩图曼的老房子。
181. 喀土穆的市集。

182. 在边墙内建造泥屋。

阳光所强调，自然的"外部"与"内部"的差别变得毫无意义。多么无情的世界，虽然赋予人生命，但是让人自己独立创造空间，这样才能够定居和发展社区性与私密性的价值。三个城镇尽管各有不同，不过有一个基本的现象是相同的：在沙漠土地上提供住所。主要是以藩篱或墙垣，包被一

块区域而达成。传统上，墙垣是用泥巴或日晒砖砌成的，这种技术目前仍被广泛地使用，传统的三个城镇在部分的要素上有一种整体的特性。房屋也用泥巴或土砖构筑，完全封闭和坚固的形态表达出对沙漠挑战的回应。沙漠是人所必须逃避的，古埃及便以沙漠代表死亡，所以房屋是一个具保

护性的世界，使生命得以在此滋长。因此两个领域间的转换变成最主要的建筑问题也就不足为奇。在喀土穆，入口不仅是由公共性领域进入秘密性领域的路径而已。在装饰华丽的大门口出现了多彩多姿的内部，阐述人所创造的比较友善的世界；白色、淡绿色、淡蓝色这些鲜明的特性取代了黄色和棕色的外部世界。聚落模式是对挑战沙漠最好的回应，在喀土穆集合都市中，所有古老的村落及恩图曼的市镇都属于密集式迷宫这种原型。喀土穆殖民地虽有不同的都市结构，但并未在场所中显得格格不入。

稍后我们将再讨论此问题。目前我们只想指出三个城镇以及这些村落对相同的场所精神表达了不同的诠释。

2. 空间
Space

广阔延伸的土地覆盖在喀土穆上。所以欧洲的中心一般与在有限的尺度中清楚界定的区域有关，喀土穆被无限扩展而人口稀少的沙漠与亚热带大草原所"环绕"。唯一突出的结构元素是尼罗河，几千公里长，由南至北穿过整片土地。如果没有这条河，整个区域将变得完全不明确，如同一个地理的整体一般。不过决定埃及特色的尼罗河山谷仅向北方延伸。喀土穆的土地是平坦的，对周围地区而言是开放的，它不像埃及尼罗河山谷那种完全的自给自足，也不像南方浮游植物沼泽那种令人不安的不确定性。这块开放土地缺少了所有真实的"微结构"。只有一些河道的浅滩打破了地表单调的扩展。所以自然场所极为罕见，不过由于两条尼罗河汇流的缘故，广阔的沙漠被分割成三部

分，其中El Gezira（亦即"半岛"）位于两河之间，特别的明显。

地理区域的交汇处伴随着相应气候、种族与文化的关系。在喀土穆北非的干旱沙漠一直延伸到横跨赤道两侧大陆的多雨地带，于是刺激了植物的生长，尽管沙漠仍然是基本的环境力量。所以伟大的阿拉伯伊斯兰沙漠文化成为主要的存在事实。不过在苏丹伊斯兰纯粹而抽象的绝对主义与非洲本土的奇幻世界相结合。喀土穆正位于许多"世界"的中心：北方是尼罗河山谷"永恒的"秩序，南方是黑色的非洲世界，西边是无垠的沙漠，东边稍远处是艾提欧皮亚（Etiopia）粗犷的高山。而且非洲流域的地图显示出苏丹是一个具有独特性和重要性的"内部空间"，其他的非洲区域都与海岸息息相关。因此喀土穆的位置给人提供了确定方向的可能性。喀土穆在此不仅是非洲的某个地点而已，更是场所中的场所，由此我们可以视其为在地理上有意义的空间关系系统的地点之一。

而这个地方如何扮演这种空间角色呢？很显然地景的开放性是有利的条件，所有场所都没有任何狭窄的界线，而尼罗河的汇流则满足了场所界定的基本需求。我们已经说过该地区被分割成三部分是它主要的结构特征。"纵向的绿洲"沿着河流延伸，最后成为非常适合聚落的场所。因此自然的地景具有一种空间的结构，足以集结和表现地理的关系。以这种关系来说明图提岛是相当诱人的，因为它正好位于这个地点的中心。不过对一个岛屿而言，图提岛并没有永恒的关系能使其在喀土穆集合都市的意义中占有重要的地位而成为一个首都中心。因此图提岛长久以来一直保有原

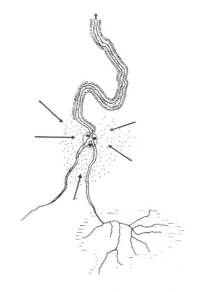

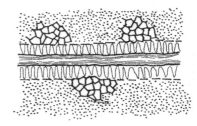

184. 尼罗河简图。
185. 非洲的流域。
186. 位于沙漠及纵向绿洲之间的地方性聚落模式。

117

187．喀土穆的沙漠。

始的状态，一个存在于"浩瀚"沙漠中有限而富庶的世界，而并非是真正的焦点所在，图提岛表现出该地区原始的聚落模式。在此我们仍然能体验到"生活细胞"是沙漠中住所的基础。图提岛在都市发展中被遗漏掉，成为一个都市的"休止符"，两条尼罗河的汇流点摩昆（Moqren）逐渐成为主要的焦点。

在图提岛看见的原始聚落模式仍保留在该都市区域中的一些村落中。如果我们能对古老的农业聚落稍加注意，便能发现它们已融入三个城镇（哈尔法亚，阿布扎伊德，哈马德，霍加里（Halfaya，Abu Said，Hamad，Khogali）等）的都市结构中，我们发现城镇并非位于河流之上，而是介于河流的绿洲与沙漠之间。从尼罗河岸向后退，它们的特征与欧洲河流的聚落大不相同。它们基本上是沙漠村落，沙漠给人的感受是无所不在的。这个地方存在的实际理由显然是为了保存农业用地，因而远离了季节性泛滥的区域。不过村落的位置也表现出与沙漠生活在一起的必要性，而不是表现得好像没有沙漠似的。

三个城镇都保存着这种原型的模式。即使在喀土穆殖民地，都市街道也被一条连续的绿带与尼罗河分离开来。而且在三个城镇中，都市中心都几乎和河流没有任何的关系。总之我们可以得到的结论是，喀土穆基本的聚落模式是有意义的，同时表达了对自然情境深刻的"理解"。尼罗河赋予生命的角色只有在河岸仍处于连续的绿带阶段时才能显现出来，而且沙漠伟大的存在事实必须从居住区的各个角落去感受。

不过这并不表示聚落必须是扩展的：沙漠的村落和城镇必须是密集

的。亦即必须是我们能进入的某些地方，一个我们身在其中的场所，在无限扩展的周遭土地上寻找一个立足点。但是将这种密集性视为摩天大楼般的簇集是错误的。

沙漠主要的存在维度是水平的，事实上阿拉伯总是喜好低矮的、水平扩展的建筑物（除了山脉连绵的地方，如也门（Yemen）或摩洛哥（Marocco）以外）。

唯一的垂直元素是尖塔细长的尖顶，唤起了人们不仅生活在大地之上同时也居于苍穹之下的感觉。古老的村落和恩图曼镇也一样说明了这种"密集式水平性"的原则。

喀土穆殖民地也表现出一种连贯的水平发展，虽然几何形平面是引进的，但是城镇一般表现出一种对基地的令人满意的理解。沿着蓝色尼罗河的堤坦，在南北交汇处，创造了一条连续的绿带，不像是自然的一部分，若从喀土穆被作为体验集中作用的角度来看，这条绿带可被解释成一个"阳台"。平面上所包含的方位基点表明了上述明显的地理情境。

三个城镇象征着尼罗河所形成的三个区域，因此集会都市的三极结构（three-polar structure）对地理情境作了更具体的表达。而且它们的空间模式与整体中不同角色的领域相配合。这项事实可由苏丹在喀土穆和恩图曼之间选择首都获得证明。恩图曼是阿拉伯内地的"矛头"，喀土穆负起了更具世界性的功能。目前这三个城镇连接在一起，形成了一个"环状结构"，充分表达出新的历史情境。

三个城镇呈现出两种主要的都市结构：沙漠聚落的迷宫世界和象征一般意识形态系统的"巴洛克式"变形的几何沙漠式。迷宫模式构成了原

188.位于喀土穆的蓝色尼罗河以及纵向绿洲。
189.在喀土穆周边扩展的水平式住宅。

始乡土的解决方案。事实上在图提岛特别地密集，该岛的位置为迷宫一般的内部中添加了一种特殊的"亲密感"。图提岛的巷道都非常狭窄，而且弯弯曲曲，宽度上的变化与限定空间的墙垣的中断，消除了简单的欧几里得式秩序。结果自然力给人的整体的感受非常强烈。在霍加里更可以感受到沙漠的开放性；簇群蔓延，街道

则稍宽。在古老的恩图曼也是这样（如阿布鲁夫区（Abu Rouf）和贝特艾马区（Beit El Mal）），即便在尺度上有很明显的改变，也可以突显该城镇在历史上所扮演的重要角色。不过阿拉伯聚落主要的内在性仍被保存下来了。三个城镇的迷宫要素则由逐渐形成簇群的单元所衍生，使得街道成为次要的"间隙"。这种都市"设

计"的思路仍旧被运用于周边新开垦的聚落，重复地组成阿拉伯城镇的原则。以此种方式所形成的空间具有明显的人类特质，依照需求改变形状和尺度。只有恩图曼北方和喀土穆南方新城市的蔓延，是在第二次世界大战后依据道萨迪亚斯（Doxiadis）的纲要计划以街道为出发点的，因此使得都市空间丧失了传统的特性。

190. 图提岛的巷道.

191. 都市结构（霍加里）。
192. 北喀土穆的霍加里区。
193. 零散的聚落。
194. 道萨迪亚斯式扩展的街道。

在喀土穆殖民地，交通基础设施是主要的要素，与道萨迪亚斯不确定的格子形成对比，若想形成一种复杂的系统模式就必须同时考虑一般性和地方性因素。基奇纳规划喀土穆正交和斜交街道时以"英国国旗"（Union Jack）的图案作为模式

或许是正确的。不过该模式正好有超乎帝国主义涵构的意义，并作为一种"宇宙式"的象征，同时表达了方位基点一般性的自然秩序。综观历史，直交的轴线被用来表示专制制度，并经常与一种明显的中心结合在一起。基于这种观点，直交轴线也被运用在

早期伊斯兰的首都巴格达。在欧洲巴洛克建筑中斜交的轴线被用来表达系统的"开放性"。难怪相同的模式会被喀土穆殖民地首都所接受。除了这些一般性特质外，基奇纳的解决方法还具有一些值得注意的功能。如果我们仔细看一下城镇计划，将会察觉一

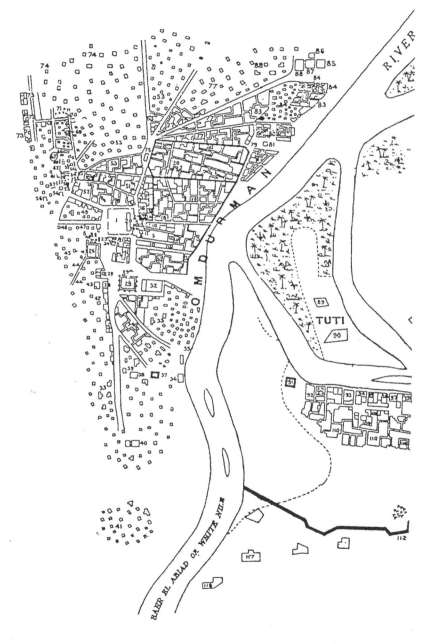

195. 喀土穆与恩图曼的旧地图，显示出喀土穆未遭破坏时的面貌。

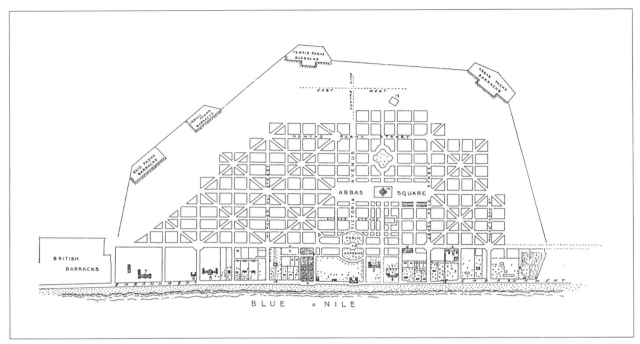

196.基奇纳勋爵对喀土穆的规划构想。
197.喀土穆宏伟的大清真寺。

198.殖民地地区的喀土穆,哈里法大道和加米林荫道。

条有趣的南北主要双重轴线。平行于魁阿斯尔林荫道(El Qasr)(从前的维多利亚林荫道),行经战争纪念馆(医药学院火车站)与王宫之间,因此我们发现了另一条具有同样重要性的街道,哈里法和加米林荫道(El Khalifa—El Gami),几何化的方式形成都市网路的主要轴线,系统的正中央有壮丽的大清真寺。街道将广场分割成两个对等的部分,而且与斜交的道路产生对称的关系。该计划自1904年以来便证实了这种处理颇具原创性。因此哈里法和加米林荫道而非魁阿斯尔林荫道,以几何方式形成都市网路主要轴线,同时大清真寺正好位于系统中心。而且朝向麦加的方向(qibla—orientation)与主要轴线成45度,正好与"英国国旗"图案的斜向路线平行。因此平面的方向性既是伊斯兰式也是英国式。在这种模式上,宽阔而繁荣的魁阿斯尔林荫道与王宫重叠在一起成为一种"陌生的"转折点,虽然仍位于中心。这的确是有趣而有意义的都市结构。喀土穆殖民地的街道和广场形成一种连续而又与众不同的公共领域。我们已经说明了一些林荫道的主要功能,同时必须强

调主要的东西街道迦胡利亚林荫道
（El Gamhuriya 从前的西尔达林荫道
（Sirdar）） 是中心的商业支柱。在
尼罗河沿岸的绿带与城市建筑之间，
贯穿着城镇的另一条主要轴线：加米
亚林荫道（El Gamia），东西走向。
由于该林荫道通往位于绿带中的主要
公共建筑，如教堂、政府部门和大学
（从前的高登学院（Gordon）），一
开始便具有代表性的功能。这种现代
系统与目前城镇交通规划理论所提倡
的运行结构相符。在此系统中，广场
并不是真正的"目的"，而是节点。
因此该系统没有什么端点，而是维持
"开放"，在不断扩展的同时经过几
次的保护和修改[2]。在喀土穆殖民地
的公共网络中，私密性空间以某种程
度的自由性"融入"。典型的房屋是
由欧洲乡间别墅演变而来的，通过引
入边桥和花园门廊以顺应地方条件。
连续的门廊沿着商业街，在空间上与
经常由封闭的墙壁与花园的篱笆所形
成的住宅区区分开来。在街廊的转角
处，在机能与空间上经常以拱廊凉亭
加以强调，这种装饰主题承袭了地方
性的传统。诸如此类的凉亭甚至在图
提岛都看得到。

　　在集合都市的风土性要素里我们
体验到一种更真实的私密性空间。包
被的区域是基本的单元，在传统上住
宅前面都会构筑边墙和装饰华丽的门
扉。在包被的区域中，经常有许多单
间式的住宅，自由独立或紧临边缘。
在住宅区域中会分割一部分给男人，
该区域位于门后而具有某种代表性的
机能，另外，隐蔽一些的是女人、小
孩及一般家务的区域。房间被视为主
要空间中所包被的次要空间；窗户小
小的，木门很少被打开，座椅家具
（椅子、沙发）沿着周边布置，产生

199. 角落的亭子。
200. 恩图曼的住宅街。

了一种集中的秩序。大的壁龛或柱廊
式门廊可能形成一个介于中庭和房间
的过渡地带。一般喀土穆的住宅都反
映了传统的内部性及阿拉伯式住所的
细分。不过在配置上不如典型的北非
dar（住宅）那么正式，dar的中庭差不
多都是一个广场，喷泉位于中央。

　　我们对聚落模式和都市结构的
探讨表明，喀土穆的集合都市呈现出

具有象征意义的重要的空间组织。以
自然所提供的极简单的空间元素作为
人为环境的出发点，促成了方向感和
意象的形成。就整体而言，尼罗河的
汇流以及三个城镇形成了非常"强烈
的"完整形态，恩图曼不同的都市结
构，以及喀土穆殖民地，在整体中形
成了一个有意义的复合体。

　　恩 图 曼 的 意 象 可 描 述 成 一 种

201.恩图曼住宅的内庭。
202.恩图曼住宅中的内部（女人的）庭院。

"脉络的领域"或簇群，位于马迪广场（Mahdi）和市集（Suk）所形成的双重节点的中心位置。喀土穆是一个几何网络，地标和节点依其机能及象征性的角色分布其中。喀土穆北方相对没有那么明显，不过在霍加里清真寺和陵墓中有一个让人印象深刻的地标。三个城镇通过尼罗河绿带结合，尼罗河是沙漠背景中的一个自然图案。

3. 特性
Character

　　喀土穆的自然特性是由基地具体的外貌所决定的。毋庸置疑，最特殊的元素是沙漠中的沙。三个城镇的居民可以说是诞生于沙中；一辈子沙都在他们的脚下，死后则被埋入沙中。沙几乎无所不在，它不仅是一种材料，而且包含着颜色与质感。细致的纹理似乎表达了烈日对那些构成大地的材料所产生的影响，让我们又想起古埃及人建造假山、金字塔以对抗沙漠的破坏力量。因此沙结合了这个世界的地面，地面金色、棕色和灰色的颜色与这个世界的材料息息相关，这些材料与贵重黄金上肮脏的污泥并不相同。事实上在短暂的多雨季里，地面会变得泥泞满地，夕阳将相同的地表变成一片金色。沙的优越性赋予地景荒芜的特性。不过与岩砾或高山的不毛地不同，这些地区多样化的地形仍旧滋养了人的幻想力。另一方面，一片平坦的沙子几乎没有具有个性的可能性；我们宁愿放弃它。当现实无法可行时，人必须为自己添加些东西，以进行更广泛意义上的认同。

　　不过在喀土穆，自然本身提供了许多的东西。可以信赖的尼罗河使得忍受沙漠成为可能，沿岸的绿洲为生命提供了保障。不过绿洲在沙漠中并不是外来的东西。绿洲反而是成长于沙漠，"居住"在沙漠之中。棕榈树将这层关系表达得特别好，它好像突然间由沙地里冒出来，高高耸起，直到长出覆盖大叶子的冠顶为止。因此棕榈树并没有创造出任何微结构，也没有在空间中界定出空间，只表达了定居的邀请而已。棕榈树带给人的友谊超过一幢房子。高而纤细的树干在单调浩瀚的沙漠中提供了一种韵律。这些树很显然不是等间距生长的，不过简单的造型和比较统一的尺度给人一种规律性的空间印象。棕榈树丛可能是一种原型的意象，决定了早期乌马拉德（Umarrad）清真寺柱林的配置。果真如此，意味着棕榈树丛是一

203.恩图曼的内庭住宅，内部通道。

204.沙漠。
205.流经戈登地区特利（Gordon's Trih）的尼罗河。

个神圣的场所，它繁殖生命的力量在"死亡的"沙漠中明显地表现出来。

在此，水不足以成为一种生命的象征。最主要的繁殖生命的力量是阳光。在非洲中部，太阳的强度犹胜过埃及，事实上这对生命构成了一种威胁[3]。没有阳光人就无法生存，不过在这儿人们需要防护令人恐怖的太阳

的辐射和炙热。阳光毫无变化，在万里晴空下以最大的强度充斥于空间。从阳光到阴影之间没有逐步的过渡：我们从完全暴露到完全隔绝太阳。因此喀土穆的阳光具有一种消耗场所而非创造场所的功能，同时是对我们一直视之为"无情的"自然世界的补充。住所在此要求有基本而强烈的介

入，建筑被约简成基本要素。

难怪喀土穆建筑有一种鲜明而统一的特性，个人化的试验和特质在这里是没有意义的；如果你不服从自然的"法则"便无法生存。人对自然的依赖最主要表现在对地方性材料及颜色的运用上。三个城镇的风土住宅都由泥巴或日晒砖构筑而成，而烧砖通

常用于比较重要的公共结构中，使建
筑物符合既有的环境特性。围墙是住
所的主要元素，好像是连续而包被的
表面。罕见的小型窗户在最古老的房
屋中呈圆形，它们看起来像是在封闭
的墙壁上开的孔。墙角和檐板也都是
圆的，因而强调出量体的特性。同时
墙有一种手工的和人性化的外观。唯
一打破住宅巷子和街道单调排列的是
前面提到的大门，它暗示着墙后面的
私密性世界（华丽的大门也是身份的
象征）。私密性领域的明显包被与阿
拉伯的社会结构息息相关，另一方面
阿拉伯的社会结构也在人与特殊的自
然环境间的互动下发展[4]。

　　因此自然、住所和社会结构在有
机整体中是相互依存的。不过可塑性
的造型以及〝柔和的〞细部属于非洲
而不是阿拉伯。事实上北非的阿拉伯
建筑更强调规律性和几何性[5]。因此喀
土穆的风土建筑表现出阿拉伯和非洲
特性的有趣融合。

　　当我们进入住所内部，亦即私
密性领域时，我们体验了一种新的环
境特性。在此，沙漠不再是主宰的力
量；墙已将沙漠封闭在外，绿色植物
和蓝色的水取代了外部空间的阳光和
沙的颜色。

　　传统上植物和水是必须要有的
东西，此外间隔墙和其他的建筑元素
都应被漆成相同而鲜艳的颜色。不过
上釉的面砖在阿拉伯国家很少使用；
喀土穆的建筑虽然复杂，但是基本的
特性是相同的，它表示必须打造〝内
部〞，以使生命在此受到保护，通过
无情的外表在实质和精神上保护生
命。在沙漠地区，内部必须被想象成
一座孤立的人造花园，无法在外部蓬
勃发展的意义被具体地表达出来。也
可以将〝内部〞比喻成一个生活细

206.位于喀土穆王宫前的棕榈树。
207.古老的恩图曼。
208.风土建筑淋漓尽致的表现。

209.古老的泥造建筑。
210.位于恩图曼的老房子，内庭。

胞，内部并不能自行发展和征服充满敌意的环境，不过其他的细胞将一直增加，直到形成一个真正的有机体为止。因此我们理解了上述增加的聚落模式的特性是由特定环境的特性具体化而产生的。甚至在最简单的伊斯兰住所中，就是这种状况，像阿拉伯游牧民族贝多伊人（Bedouin）的帐篷，毯子鲜艳的颜色，床铺和壁炉集

中式的配置，表现出一种类似的内部空间。

许多私密性宅邸的组合，创造出公共领域。这个领域包括了许多要素：半私密性的入口街道、公共走廊街道，以及露天公共市集，这些是社会生活中世俗功能的焦点所在。在恩图曼和集合都市里的风土村落中，具有特性的伊斯兰百叶窗巷道比较少

见，不过住宅街道仍具有私密性，而且多少有点难以亲近的感觉，与其他伊斯兰城镇一样。私密性特性很显然是由住所密集空间的封闭围墙所决定的。在喀土穆殖民地住宅反而向环境开放：连续的门廊沿着住宅立面延伸，包被的墙垣经常由可穿透的藩篱所取代。北欧"接近自然"的期望在这些造型中得到反映。建筑物主要的本质也有所改变：并不是毫无组织以及"地形的"墙垣，我们发现的是柱子、拱圈和楣梁，亦即古典欧洲建筑的人神同形的元素。柱子完全是爱奥尼克式；预制的混凝土！古典的构件如开放的门廊，给殖民地住宅一种半公开的外观，这并不是完全格格不入的特性，因为它们是统治当地的人所建造的。直至今日这些住宅仍由政府官员和外交官员居住！

类似的门廊也用来表现住宅殖民地公共性建筑的特性，在小一点的建筑物中也使用预制的爱奥尼克式柱子，主要的结构经过特别的设计，使得门廊主题表现出纪念性意味。在商业街和市集区，门廊变成连续的拱廊。结果都市空间和建筑物整体相互作用，从而体现了公共特性。由于树木的引进，更强化了其所创造出来的都市"内部"。事实上基奇纳在喀土穆殖民地种植了七千棵树。沿着蓝色尼罗河堤岸，这些树木创造出一个"自然的门廊"，成为构筑的城镇与河流地景间美丽的过渡。因此喀土穆殖民地的都市空间并未遵循伊斯兰城市建筑的原则。在伊斯兰城市中，门廊经常运用在包被的内庭四周，与属于前述的内部世界的树和水结合在一起[6]。运用与欧洲的城市概念相吻合的手法，基奇纳将这些包被的"绿洲"翻出来，转变了整个都市环境，

211. 位于恩图曼的内庭住宅。

212.喀土穆殖民地住宅的爱奥尼克式柱子。
213.喀土穆的拱廊市集。

214.喀土穆殖民地地区的拱廊。

所以人在沙漠中能有选择余地。这种解决方法对这个地方似乎有点陌生，喀土穆宽阔的街道在炙热太阳的影响下可能真的丧失了它们在空间上的意义。不过这些街道借着拱廊和树木被保留下来，表现出在沙漠土地上一种新的生活方式的可能性[7]。相似的拱廊也被引入在恩图曼主要的街道，引导人们至市集地区。在市集我们反而

体验到阿拉伯形态的公共性环境。身为北非最大的市集，露天市场包括了一大群密集的一层楼商店，由狭窄的巷道隔开。商店的内部陈设遵循我们在阿拉伯住所体验到的U形模式。这些单元排成一列，面对巷道敞开，不过并不是由一般的拱廊所连接，它们的独立性和灵活性，由入口的阳台和屋顶挑檐的变化来表现。在此占主导

地位的是木头、金属和混凝土，而不是住宅区的泥巴和砖。

拱形门廊是喀土穆公共建筑的典型特征，其突出之处在于其非同寻常的表现形式。没有规则和连续的相同间隔，而是在宽阔和狭窄的间隔变化中创造出一种非常复杂的韵律。角隅凉亭这种处理方式变成主要的装饰主题：宽阔的拱形开口在两侧配上狭窄而细长的孔口。商店的入口（大都是木制的）通常是在外墙后面几米。在商业区许多建筑物的外立面可以串联起来，形成一种有点拱廊意味的连续系列，宽阔和狭窄的开口赋予都市空间生动活泼而井然有序的韵律。

基奇纳勋爵所设计的大多数公共建筑都采用了这种立面，同时以迷人的方式加以变化。几乎在所有重要的建筑中都可以找到它，这证明了它是被有意设计的，同时随着对建筑任务的深入了解，它也有所改变。

在一些比较小的结构中，典型的爱奥尼克柱式被很简单地放置在有韵律感的空隙中。在较大的建筑物中，如豪华旅馆（Grand），这种主题用作翼侧及中央主体的壁阶之间的过渡。在修道院和大学中有节奏地排列的柱式和壁柱相结合，形成一种"纪念性"的特性（而且大学的尖拱可能让人回想起英国的哥特学院）。王宫宽大的拱圈成为界定壮丽配置中主要与次要轴线的一种灵活方式。由于缺乏历史的研究，对这个有趣的装饰主题无法提供确切的说明。这当然不是由欧洲输入的，也不可能和伊斯兰建筑规则和重复的间隙特色有关。这种处理方式很容易让人认为是非洲（埃及）的特征，成功地在输入的造型上盖上地方性印记。

三个城镇中的建筑物相对缺少庄

215. 由图提岛所见的喀土穆堤防。
216. 喀土穆（蓝色尼罗河）堤防。

217. 喀土穆堤防。

218.恩图曼市集，典型的巷道。
219.恩图曼市集，主要的大街。

严的特性。建筑物主要有两类：两侧有细长尖塔的清真寺和圆顶的坟墓。喀土穆殖民地和恩图曼主要的清真寺都以简单的格子模式为蓝本，形成古典式伊斯兰的庄严空间。外部的连接并没有表现出前述的韵律式处理。在恩图曼的马赫迪墓和喀土穆北方的霍加里墓都有高大的尖形圆顶，反映出受到当地圆形茅舍的影响。

我们对建筑造型和明晰性的探讨已表现出三个城镇具有宇宙的特性。自然环境是简单而强烈的，而且决定了环境一般的特性。不过这并不表示自然环境满足了人对认同感的需求。虽然人在此居住必须与沙漠为友，但是也必须增加一个属于他自己的人为世界。也就是说人必须退回在精神或社会上刻意安排的"内部"，因此人能够以一种"征服"的姿态重返沙漠，经由地方性所添加的这种内部（住所），或内部文化信息的传播。喀土穆集合都市大多由外部信息所决定：伊斯兰式、欧洲式或非洲式，不过这些信息都顺应特殊的地方性条件，满足了人类的认同感，不仅在文化上，而且也能直接与场所产生关联。

4.场所精神
Genius loci

喀土穆的地景有明显的"宇宙式"特质。无限地扩展，没有道路的沙漠无边无际，太阳的东西轨道和尼罗河的南北轴向创造出独特而有活力的自然秩序。而且在这个地方，基点不仅是含蓄的表达，而且是直接而"可见的"，人的存在变成更大而近乎绝对系统的一部分。没有过渡和细微差别；任何事物都有其精确的意

义。在北欧世界中色彩孕育着诗意的
可能性，在此则被约简成几种主要的
功能：白色是阳光、黄棕色是沙漠中
的沙、蓝色是河流、绿色是植物。这
些颜色被用来表现物和场所的特性，
如内向性住所中的"人为绿洲"。事
实上喀土穆最基本的场所结构是内向
性住所和无限而绝对的环境间的辩证
关系。

　　不过喀土穆并不仅止于此，我
们也曾强调过它的角色是一个交会场
所。在一个交会场所中，各式各样的
空间和特性融合在一起满足了后期的
生活形式的需求。尼罗河在此的汇合
很自然地证明了这种融合是合理的。
所以交会场所不仅是历史的产物，而
且是基本场所结构的要素。由于其潜
在的意义是一个中心的角色，我们认
为这个地方从前就是首都。不过许多
古老的中心已经发展成特殊的文明枢
纽。喀土穆介乎历史的区域中，反而
可以说它是"无人岛"。由此看来，
喀土穆的位置和罗马当时建城的情况
类似。因此罗马人共同生活在相同的
区域里，而两条尼罗河的汇流也远离
周遭文明的焦点[8]。所以喀土穆必须
期待伊斯兰和欧洲殖民主义的国际运
动，以确定其焦点的角色。三个城镇
明显地扮演了焦点的角色，而且它们
不同的特性为目前苏丹文化的多元性
提供了证明。喀土穆、阿拉伯、非洲
和欧洲的"力量"集结在一起，由城
市多彩多姿的公共生活事实直接表现
出来。身穿欧洲式、阿拉伯式和非洲
式服装的白种、黄种和黑种人混杂在
一起，讲着各式各样的语言。虽然喀
土穆有这么大的差异，但是旅客并不
觉得陌生。

　　恩图曼在地形上表达了沙漠世界
的原型聚落，喀土穆殖民地的几何平

220.开口部有节奏地排列的亭子。
221.纪念性的殖民地建筑。

222.基奇纳勋爵的皇宫。

面系来自上述的"宇宙式"秩序的象
征。因此平面包含了四周的统合，以
及尼罗河的方向性，同时还包括了与
朝向麦加方向相对应的对角线。所以
人造的格子网在喀土穆变得有深奥的
意义，我们可以揣测格子网之所以被
采用系此缘故，而不是因其与英国国
旗的图案相似。运用抽象的象征性造
型虽有助于人在广阔的整体中找到一

个立足点，但是这并未在日常生活中
对令人满意的住所提供任何保证。为
了解决此问题，引用了门廊，不仅对
气候加以控制，而且具体地表现出格
子潜在的开放性。因此门廊伴随着韵
律性的拱廊无止境地扩展。传统的地
方性住宅是内向性的，殖民地住宅是
外向性的，同时表达了人与自然间不
同的关系。除了退缩之外我们也可以

223. 开口部有节奏地排列的皇宫。
224. 位于霍加里的清真寺陵墓，北喀土穆。

谈谈"征服"。在沙漠，这种征服仍旧是一种错觉，不过无论如何，外向性的建筑使得一种连续的公共环境成为可能，它容许人类互动下的现代造型。

一般而言在喀土穆所体验的场所品质是来自自然和文化"力量"之间有意义的相互作用。不同的文化传统适应当地情境并扎根，而自然地景则成为更广泛的涵构要素的一部分。喀土穆以这种方式成为一个真实的场所；地方性和普遍性同时存在。用存在的观点而言，我们可以说沙漠表现出对人类的挑战，死亡是随时可能发生的事。不过河流带来了希望，通过植物的出现它变为一个真实的希望。这个希望具体表现在人类住所中，亦即表现在阿拉伯风土聚落住宅的室内

绿洲和殖民地城镇拱廊与行道树的街道上。最后这些对住所问题的解决方法是由自然情境的一般性"宇宙性"框架中所创造出来的。因此喀土穆完成了身为一个场所的"使命"，这种实现贯彻到建筑明晰性中有意义的细部。

喀土穆在历史上的"自我实现"始于图提岛的聚落。在四面环水之下，图提岛并不希望人更进一步地退缩，而让人在其"内部"空间居住。在创造绿洲之前，图提岛便存在了，在住所的艺术方面提供了基本的课程。接下来的发展便遵循既往，17世纪末发现了恩图曼、喀土穆和霍加里（北喀土穆）的村落。这些村落不仅代表了在图提岛所发掘的住所概念，而且也界定了三极结构，将地块的一般性结构进行了具体表达。1823年喀土穆成为土耳其与埃及所属的苏丹首都时，其作为中心的自然角色才为人所理解。就集合都市中的地理表面而言，喀土穆成为主要的元素。事实上这是由于它位于自然的南北轴线尼罗河之间的缘故。从刊载于伦敦新闻古老的图片来看，喀土穆的发展并没有妨碍住所的一般特性，一种内向的组合所形成的簇群在水平地扩展。当1885年由马赫迪迁都至恩图曼时，强调了其阿拉伯沙漠文明先锋的场所角色，因此基奇纳勋爵重建了喀土穆对基地的表达，重返"世界一家"的诠释。在场所结构的定义中最后的主要步骤，是以环状的桥结合三个城镇，形成一个相互作用且差异很大的整体（1909，1929，1963）。

我们的简要讨论表明了喀土穆集合都市的场所精神在过去是如何被理解和尊重的。尽管场所的历史发生了剧变，但是它的结构仍旧被保存下

来，而且在继承的统治者手里被审慎地加以运用和发展。目前这种结构虽然保存完好，但是开始受到〝现代生活〞的影响。建立有〝规划发展〞的必要性，使得苏丹政府委托希腊建筑师道萨迪亚斯（1959）制作三个城镇的纲要计划。道萨迪亚斯表达了他对场所精神的绝对理解，他在所有的集合都市上叠加了一个正交的格子，强迫自然的完形适应多样化的聚落结构，进入同一套紧身衣中。

还好该计划目前已遭摒除，而更适合场所的计划正在进行中[9]，新计划是以对地理情境、地域的聚落模式、都市结构以及地方性建筑类型与形态等的理解作为基础的；简而言之，是对场所精神的尊重。

225. 白尼罗河的日出。
226. 交会场所；黑种人移入法拉塔（Fallata），喀土穆南方。

137

VI、罗马
ROME

1. 意象
Image

  罗马素以"不朽的城市"驰名。
很明显，这个名称暗示着除了悠久的
历史外还另有玄机。"不朽"意味着
城市永远保持自己的特性；事实上罗
马不可被视为各个时代遗迹的组合。
无须任何解释便能发觉罗马建筑不朽
的特性；当我们踏立在古典的遗迹或
巴洛克建筑物前马上就能印证。因此
罗马不朽的特质在于其非常强烈的、
也许是独一无二的自我更新能力。
而什么是这种"自我"呢？在建筑术
语中什么是"理想的罗马"（idea
romana）呢？

  罗马最新的形象是伟大的首都城
市、古代的世界之都和世界罗马天主
教堂的中心。更具体地说，这种形象
意味着纪念性和壮丽（grandezza）。
罗马的确是宏伟的城市，虽然我们和
来自罗马人在帝国期间于各地所建立
的城市里的人，会有不同的期盼。因
为罗马人所建造的城市都有相同的平
面配置，我们可以回忆一下这种基本
骨架：一对轴线，南北和东西走向，
在规则的四边形中直交。因此罗马人
的城市以抽象而"绝对的"秩序驰
名，这种特质成为后来许多首都的模
式。不过罗马本身并未遵循任何综合
的几何系统；从古迹中看来，罗马总
是表现为由各种尺度和形状的建筑物
和空间形成的一个庞大的"簇群"。
罗马交错轴线的绝对系统受限于单一
的元素，如深峡谷（fora）和公共浴
室（thermae）。如果能更仔细地加
以探究，便可以发现更具综合性的都
市轴线（axis urbis）[1]，不过这并未

227. 公元300年左右的罗马模型。

228.罗马式抒情。罗斯勒（Franz Roesler）的绘画。
229.罗马式抒情。纳沃纳广场（Piazza Navona）。

决定城市直接的外观。因此罗马的场所精神很显然不是存于抽象的秩序。或许罗马的场所精神是由对古典的造型加以综合运用而决定的？身为古迹首都，罗马必须具备古典建筑的和谐平衡状态，以及人神同形的表现。不过罗马和希腊城市完全不同，希腊城市以建筑物著称，建筑物犹如明晰的实体，由"单独的"要素所组成。相

反，罗马的建筑物被视为一个整合的整体，一种包被的空间，而非一个实体，而且大多为超级的都市整体所同化。虽有古典格式，但它们并没有组织的功能。很显然罗马不可能被彻底地认为具有古典城市的特性，事实上长久以来罗马建筑一直被视为希腊建筑的退化。

迄今我们对罗马场所精神的疑

问仍未得到解答。我们感受到罗马的场所精神有强烈而"不朽"的表现，不过这要如何去解释呢？卡什尼茨（Kaschnitz von Weinberg）和凯勒（Kahler）对这个问题的理解做出了很大的贡献，不过他们的调查主要在于掌握古典建筑的多样性，而不是将罗马的特性视为一处场所[2]。不过在劳伦奇（H. P. L'Orange）的作品

230.罗马草原始于萨科山谷（Sacco valley）。

231.位于巴尔巴拉诺（Barbarano）的峡谷。

中，我们发现了他以现象学的观点赋予罗马深奥而抒情的描述[3]。他并未以单幢的建筑物作为出发点，而是企图将都市环境理解为一个整体。因此他以这些话描述罗马街道的特性：

"……自足而包被的街道世界是古罗马所具有的特性：一个完美的世界、小宇宙、放逐北欧人的伊甸园；街道的田园景致；我会这么说[4]。"而且劳伦奇继续描述罗马街道具体的特质，它的包被性和连续性是由正面入口没有人行道和楼梯、颜色和气味以及脉动与各式各样的生活所决定的。罗马街道并未与房子分离，而是和房子结合在一起，同时当你在外部时却令你有一种置身内部的感受。街道是生活中的一个"都市内部"，表达出街道完整的意义。在广场中这种特性被强调出来，房子围绕空间，中央经常用一个喷泉加以标示。"广场可以是规划产生的或是历史成长的结果；广场总是被具体化为一个包被的图案，而且总是像田园一样被环绕起来"。[5]

　　以"田园景致"来描述罗马场所精神的特性，乍看之下可能令人感到讶异。这个地方的首都何以会具有"田园"特性呢？很显然我们心中缺乏一种小尺度的亲密性，正如我们在丹麦所见到的村落和城镇。罗马是富有纪念性的和壮丽的，而且空间中的"室内性"赋予我们强烈的安全感和归属感。然而最主要的是罗马一直维持着一种非常接近自然的"朴拙的简单性"。再也没有其他伟大的欧洲城市对自然表达出同样的亲切性，也没有任何场所有这种人性的本质。这或许就是罗马场所精神的本质：根植于"熟悉的"自然环境中的感受。想理解罗马就必须离开城市体验一下周遭

232.鸟瞰阿尔巴诺丘陵的背景尼米湖（Lago di Nemi）和蒙特卡沃。
233.帕莱斯特里纳（Palestrina）。

143

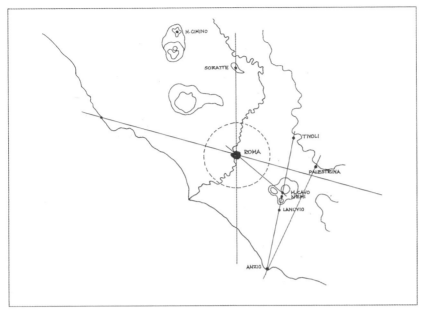

的地景：罗马平原。平原的特性并不在于"造型上的强烈对比、量体与空间的并置、高山与山岩，而在于雄伟而有节制的韵律，以及单一的图案在缓缓上升或下降运行中的从属关系"[6]在罗马地景伟大而统一的运行中，可以分辨出一些具有清晰而深奥意义的特征类型。这些地景由罗马所集结；是的，罗马就是这样的存在，罗马的存在使拉齐奥（Lazio）成为一个统一的整体。

透过对拉齐奥地景的分析，我们可以理解罗马场所精神的多样化要素并传达了对它们之间相互作用的认识。首先我们得造访怪异而"下凹的"伊特鲁里亚（Etruria）山谷，那里金黄色的凝灰岩形成连续的墙，将"田园式"空间封闭其中。原先的罗马基地便具有这种特性；著名的七丘并不是真正的山丘，而是沿着台伯河（Tiber）的一系列隐蔽山丘的山脊。伊特鲁里亚人利用山岩的侧面作为墓地和监狱，并在顶端构筑村落。这也是古罗马的模式，同时形成了罗马精神真正的地方性要素。它的重要性是可以理解的，而且由代表场所精神的祭坛直接位于帕拉蒂尼山丘（Palatine hill）陡峭的凝灰岩石上便可证明[7]。其次我们必须拜访在罗马另一侧的阿尔巴诺丘陵，我们发现一种完全不同的地景，该处古迹的神是大家所熟悉的众神之王宙斯（Jupiter）、天后（Juno）、狩猎女神（Diana），而且自然的特性是清晰而又"希腊式"的。最后我们必须到帕莱斯特里纳，在此南北与东西轴向的体系最先以一种纪念性尺度为人所理解。在帕莱斯特里纳一种"宇宙式"秩序好像是地景本身固有的，而且不足为奇，因此场所是用来供奉Fortuna，亦即命运的

234.拉齐奥的简图。
235.位于奇亚（Chia）的深峡谷。

236.维托尔基亚诺峡谷（Vitorchiano）。
237.位于维欧的伊特鲁里亚人坟墓，在凝灰岩中挖凿而成。

238.位于诺奇亚（Norchia）的峡谷以及伊特鲁里亚岩石斧凿式正面。

祭礼。经过一番周游我们重返罗马，对于理解其场所精神以及解释其成为主要的宇宙意义有了一个依据。

2. 空间
Space

　　罗马地区是火山的源头。西部和台伯河两侧的土地被一层厚厚的古熔岩和火山灰，即著名的凝灰岩（tufo）所覆盖。几千年来水的行径在火山地壳凿出了深邃的山岩和峡岩，意大利人称之为forre（深峡谷）[8]。深峡谷好像是在平坦的或起伏的平原中令人惊讶的间断，当这些间断分开和相互连接时，便构成了一种"都市"道路网，一种与上述常见的外表极不相同的"尘世"。平原几乎无法提供其他的自然场所；事实上几百年来罗马周围地区几乎像是沙漠般的面貌，因此峡谷具有场所塑造的主要功能。无数的村落便是利用峡谷的分支（苏特里、内皮、奇维塔卡斯泰拉纳，巴尔巴拉诺，维托尔基亚诺等）而形成具有良好保护性与地形特点的基地。在峡谷中有置身"室内"的感受，这种特性比较容易在具有各式各样的微

239.阿尔巴诺丘陵，前方为蒙特卡沃，后方为尼米湖。

240.索拉特山（Mount Soratte）。

结构环境中体验到，在壮丽而明确的古典的南方地景中则少见。峡谷在历史过程中一直被广泛地运用。在某些场所（诺奇亚、巴尔巴拉诺、亚佐城堡）伊特鲁里亚人将自然的岩石转换成了建筑立面的连续排列，为死者创造了真正的城市。指出开凿凝灰岩岩石是罗马地区大部分建筑物的原型是很重要的。目前grottaiolo亦即人造洞穴的挖掘者仍旧是著名的职业。一般而言峡谷使我们更接近大地的原始力量；将我们带回"内部"，同时赋予我们根源。

峡谷地景是在平原"中性的"表面底下，阿尔巴诺丘陵高耸着，在日常生活世界里塑造了一个令人印象深刻又界限分明的量感[9]。身为一座古老的火山，阿尔巴诺丘陵的外形简单，深邃的火山口有两个近乎圆形的湖，强调出其清楚的地形特征。因此丘陵具有古典式地景主要的特质：在量感与空间中有一种清楚而易于想象的关系。难怪古罗马主要的寺院会建在这里。在蒙特卡沃（阿尔巴努斯山（Albanus Mons））山顶，众神之王统辖整个地区。在高山斜坡的林中由狩猎女神所统治，在平静而深沉的尼米湖中映照出她自己，在湖的另一边的拉奴维奥（Lanuvio），斜坡已经开垦过，而且没有那么陡峭，天后的殿堂便位于此。寺院南北轴线的排列并非偶然，每逢春季47个拉丁同盟在蒙特卡沃的山顶庆祝拉丁节庆（Feriae Latinae），证实了阿尔巴诺丘陵在古罗马自然区域中的中心地位。事实上山丘在寺院的系统中形成一个节点，如果我们顺着"神灵的轴线"继续向南走，便可抵达安齐奥（Anzio），那儿有供奉命运女神的神殿。朝向北方同一条轴线引导我们到图斯库鲁

241. 位于帕莱斯特里纳的命运女神神殿。
242. 从命运女神神殿眺望的景观。

147

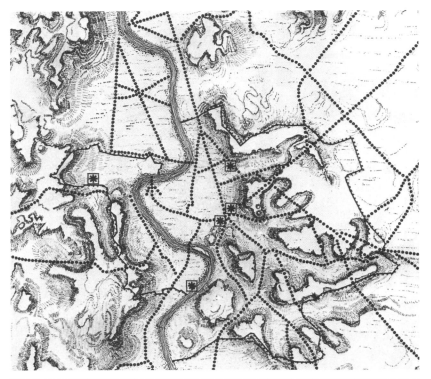

243.罗马七丘。
244.都市轴线。

姆（Tusculum），在那儿是旅游和运动的守护神（Castor and Pollux）当家，到了蒂沃利（Tivoli）则由大力士神（Hercules）统辖着一个较荒野的环境。因此古罗马的主要寺院系以众神之王为中心形成了自然的南北轴向。罗马另一侧的情境也不相同；古时候伊特鲁里亚在比较晚时才被罗马所征服，为树林所覆盖的西米诺山一直保有一种不可抗拒的障碍。不过朝向北方，台伯河山谷伸入罗马平原，我们发现了一处孤立而非常具有特性的自然场所，索拉特山，古代太阳神苏拉纳斯（Soranus）的神殿位于此地，后来称之为阿波罗（Apollo）。

我们理解罗马是位于两个不同的世界之间：西方是峡谷的大地世界，东方是众神的古典式地景。罗马四周与这两个世界保持着相当的距离。在我们抵达人造的城市综合体之前，我们发现平原本身创造了一种停顿。

但并不只是如此而已。罗马场所精神的第三种基本的要素：南北与东西轴向的体系，也同样表现在环境周遭里。在帕莱斯特里纳供奉命运女神的大寺院建于公元前80年左右[10]。新的平面配置以陡峭山坡上两个古老的神圣场所作为出发点：公元前300年最早的命运女神圆形神殿，以及一座膝上有众神之王和天后的命运女神雕像。这两种元素被纳入依轴线排列的台地所形成的壮丽体系中。轴线成南北走向，引导视线由阿尔巴诺丘陵和蒙蒂莱皮尼（Monti Lepine）间直到遥远的海洋。寺院下是广阔而肥沃的萨科山谷，以繁荣的坎帕尼亚（Campania felix）与罗马地区相接，向东延伸与南北轴线相交，形成一条东西轴线。

在寺院台地上重复着这种方向

性，犹如“宇宙式”秩序壮观的具现，拥抱着整个地景。当一个罗马的场所成为圣地时，先知自己持着拐杖（lituus）坐在中央位置，界定出两条主要的轴线，将空间区分成四个领域，这种区分表达了方位基点，而且空间在水平边界里明确地被界定出来，名之为templum（神庙）。帕莱斯特里纳的寺院说明了这种过程，“宇宙式”体系与自然基地相呼应，证实了该体系的可行性。

罗马的七座山丘并没有暗示任何的宇宙式秩序[11]，反而其中有五座不规则地出现在平原并朝向台伯河，比邻使河道流畅的岛屿。在这些山丘和台伯河间，有两处凝灰岩岩石沿着河从平原上更自由地耸立，即卡匹托尔山丘（Capitoline）和帕拉蒂尼（Palatine）山丘。在所有的山丘间形成了一个盆地，是整个地形的自然中心。再朝西边有一处较大的平原，马尔兹广场（Campo Marzio），由河流所环抱。由于是暴露而无所遮蔽的沼泽地，马尔兹广场一直到公元前2世纪仍处于都市区域外的范围。台伯河另一侧的地形状况比较单纯；凝灰岩山脊成南北走向，贾尼科洛山（Janiculum）界定了一个比较小的平原，在适当的时候该平原应该会容纳特拉斯提弗列（Trastevere）的郊区。因此罗马属于具特性的峡谷世界，它并不只是有许多可能性的基地中的一种。台伯河沿岸也没有哪里有这么强烈的地形，而且在整个伊特鲁里亚也几乎找不到类似这种适合成为一个“集合都市”（conurbation）的丘陵簇群。事实上罗马在早期有许多聚落，像目前的伊特鲁里亚一样沿着山脊排列。不过这些聚落有一个特殊的位置和角色：位于帕拉蒂尼山丘的罗

245. 萨克拉大街（Via Sacra）及远方的阿尔巴诺丘陵。
246. 古代的“纪念性中心”（Centro Mounmentale）。罗马文明博物馆中的模型。

马方块（Roma Quadrata）。根据传统，该聚落于公元前753年由罗慕路斯（Romulus）和雷慕斯（Remus）所建，而且在命名上暗示着它可能已经有一条南北轴线和一条东西轴线。不过集合都市的都市轴线都是萨克拉大街，在山丘间的盆地中通向共同的方场（Forum）[12]。这种轴线连接了首府山丘（Capitol）的众神之王神殿和遥远的阿尔巴诺丘陵，这应该不是出于巧合！都市轴线代表着使罗马成为不只是风土聚落簇群最早的尝试。事实上该轴线象征性地向古老的中心拉丁区（Latium）扩展，表示城市想要扮演一个真正的都市场所角色，非常适合“集结”周边的单位。

因此从很早以前罗马便拥有一种“双重的”空间结构：风土聚落的簇

247.西斯托（Sixtus）五世教皇对梵蒂冈的规划构想。
248.民众广场的三岔路。

特的场所。有一点重要的差别是：希腊是可塑性"主体"的组合，罗马则把空间当作单元来运用。

罗马的空间结构在历史过程中壮大强化。"田园式"包被被赋予新的诠释，不过其基本重要性并不曾让人怀疑。因此一种完全具有主宰性的街道系统不可能出现在罗马。古迹中的都市轴线由于新建筑物的增建而被强调出来，不过古迹始终是含蓄的，而不是率直的。由于竞技场建于山丘间神圣的山谷里（公元75年），使古迹有了一个突出的中心。竞技场确实有一种超乎其功能目标的意义。它位于轴线中心位置，椭圆的造型暗示着它旨在成为一个"世界剧场"，使罗马统治下的所有人都能集合在帝国中心[13]。都市轴线以圆形的构造物，即目前的梵蒂冈（公元40年），朝向台伯河另一侧扩展。最后我们可以提一下也位于轴线上的维纳斯神殿和罗马神殿（公元前120年）。两个内殿背对背，将象征罗马为主要宇宙角色的轴线所具有的双重扩展加以形象化。基督教的出现并未改变都市结构。正如古伊都尼（Guidoni）早就指出的那样，君士坦丁大帝象征性地将罗马变成一个基督教城市，将两个主要的教堂置于都市轴线上：向南的救世主教堂（Saviour）（目前在拉特兰（Lateran）的圣乔瓦尼教堂）以及朝北的圣彼得罗教堂[14]。稍后在圣保罗和圣玛利亚教堂间增加了一条象征性的"东西轴线"，使得十字架的标志布满整个城市。十字架的中心仍是竞技场，竞技场很显然被基督教所接受并被视为宇宙的象征，一种象征的堕落将代表着"世界末日"。

在文艺复兴和巴洛克时期，曾有许多尝试想使罗马成为一个整体的

群根植在其所归属的大地上，抽象的轴线则使城市变成一个广阔整体中的焦点。最重要的要素所具有的主要特质是都市空间"田园式"的包被。其次则是追求轴线的对称性。这两种要素相结合时，便产生一种特殊的建筑单元：一种轴线秩序的包被，可将其视为罗马建筑的基本元素。事实上古罗马已包含了这些具有各种功能的单元：深峡谷、公共浴室、寺院、中庭住宅，全都是轴线秩序的包被。这说明这些单元在都市整体中具有某种独立性是非常重要的事。它们并非由任何优越的几何系统所组成，而是"添加"在一起而产生的，像古典式希腊聚落中单独的建筑物一样。因此我们找到了罗马空间的第三种基本特质：在古典式意象的环境中具有清楚而独

几何式结构。最彻底而综合的改变是西斯托五世教皇的规划（1585－1590）[15]。他主要的目的是利用广阔而笔直的街道连接该城主要的宗教中心。西斯托五世对于文艺复兴规划提出了整合的解决方案，未完成的部分则由其后继者加以实现，尤其是民众广场（Popolo）的三岔路（trident）；三条分岔路联络主要的城门和不同的街区。西托斯五世的平面规划将使独特的神圣场所成为综合的宗教系统的一部分。更重要的是平面仍旧是零碎而片断的。抽象而优越的系统并不符合罗马的场所精神，而在巴洛克时期艺术家注意力再度转到创造单独的都市中心上。在古迹中所包被的庄严深峡谷被视为一种模式，一系列真实的罗马空间遂得以付诸实现。

就都市而言，最早且最有意义的都市内部早在16世纪就被创造出来。米开朗琪罗的坎皮多里奥广场（始于1439年）便企图给身为主要宇宙的罗马一种新的象征，亦即象征罗马在世界上的核心角色[16]。不过米开朗琪罗并未赋予广场一种开放和竖向对称的规划，虽然在当时这种规划是理所当然的。相反，他创造了一个由内聚的正立面所界定的包被性空间。同时也引进了纵向轴线，剥夺了场所中任何自给自足的关系。包被的综合体与方向性的运行由建筑间的椭圆形雕饰具体地表现出来。椭圆形的星形地板创造出一种强烈的离心运动，与内聚的正立面恰成对比。由于空间同时扩展与收缩，坎皮多里奥广场变成人所构想的场所概念的伟大的诠释。这种诠释不只是引导我们到达世界的中心而已，而且从精神上而言也使我们回到了交织在一起的人类生活的出发点和

249、250.米开朗琪罗的坎皮多里奥广场。

返回点。

最大的巴洛克广场是贝尼尼（Bernini）的圣彼得罗广场（San Pietro；1658－1677），包含由纪念性柱廊所界定的一个椭圆形空间[17]。椭圆形的主要轴线被很清楚地界定出

来，而且在中央有显眼的方尖碑。因此我们再度体验到包被与方向性的双重主题，在此被约简成其真正的本质。柱廊以最简单且最具强调的方式包被空间，同时让"内部"能与周遭的世界相沟通。圣彼得罗广场基本的

251、252.贝尼尼的圣彼得罗广场。

空间结构与竞技场非常相似，我们可以从这种关联性回想当时君士坦丁大帝在规划君士坦丁堡时，利用柱廊包被的圆形广场取代罗马建筑物；广场具有节点的功能与竞技场相似。圣彼得罗广场的确成为全人类新的集合场所，正如贝尼尼的构想一样，不仅实现了这种功能，而且没有摒弃罗马的室内性。罗马一直被说成是一个置身室外而让人有置身室内感受的城市。主要建筑物的室内让我们在浓缩的造型中体验到这种室内性。事实上古罗马对建筑发展最主要的贡献在于伟大的室内空间和诸如此类建筑群的创造。在希腊建筑中，空间只是"中间物"，它附属于周遭的建筑物。相反，在罗马建筑中，空间变成建筑最关心的要点，而且视其为一种"物质"，可加以塑造和明晰化。因此空间表现出各式各样的造型，由穹隆和圆顶所覆盖与只在建筑中扮演次要的角色相距甚远。之所以能够如此是由于罗马人发明了一种营造技术，以浇筑的混凝土来塑造连续的墙壁和屋顶（opus caementicium）。罗马室内空间的概念在万神庙得到了最高体现（公元120年），圆形的房间由连续而具量感的墙所包被。不过包被性被纵向轴线所贯穿，因此建筑物使罗马场所精神基本的空间特质形象化。在万神庙中，人在大地上的存在被诠释成"田园式"寄居和动态的征服，双重的诠释在一个不朽的苍穹圆顶下表现出来。因此在万神庙中，天与地结合在一起，罗马的"田园景致"被视为对大宇宙的和谐反映。在罗马的建筑发展中，同样的主题一直附属在新的变异中：罗马王宫的包被世界、米开朗琪罗在圣彼得罗教堂中处理的包被与轴线之间所存在的辩证关系，以及波罗米尼在圣依华教堂（Sant'Ivo）对这一主题在巴洛克巅峰时期所做的诠释；就这些例子便可以说明一切了。

3. 特性
Character

我们已指出罗马位于两个不同的"世界"之间：伊特鲁里亚是大地的世界，而阿尔巴诺丘陵是古典的世界，这也暗示都市环境反映了这两种世界。不过我们也认为城市自然的地块比较倾向大地领域，而罗马的街道和广场即以伊特鲁里亚的深峡谷作为蓝本。在维吉尔（Vergil）的埃尼德（Aeneid）史诗中，我们发现了对基地发人深省的描述："埃尼阿斯（Aeneas）紧邻埃文德（Evander），那里有一大片小树林，勇敢的罗慕路斯后来在这儿建造了他们的圣堂，在潮湿的峭壁下是狼穴（Lupercal），系以田园的纯朴风俗依狼神（Lycdean Pan）命名。狼神同样为自己找到一处神圣的树林阿尔吉利托（Argitelo），并说明阿尔戈（Argo）何以在此自找死路，虽然他是一个客人。狼神同时由这儿引导自己到塔皮亚悬崖（rupe Tarpea）和卡比托利欧山（Campidoglio），目前这里已是遍地黄金，但以前曾经是荒芜之地，荆棘遍地。在当时那地方甚至有一种可怕的邪气，引起了村民的恐惧与敬畏，使他们一看到树林与岩石就发抖。埃文德山丘连绵不断："树木繁盛的山顶是某位神的住所，不过究竟是哪一位神目前已不可考。古希腊阿尔卡迪亚人（Arcadian）相信他们在这儿看到了众神之王宙斯，右手挥舞着宙斯的盾，集结风暴的云

253. 君士坦丁巴西利卡教堂的穹隆。
254. 万神庙内部。

雾。"[18]而且众神之王宙斯的确在卡匹托尔山丘有自己的神殿，他在那里驯服了岩石和树林的神秘力量。由维吉尔的史诗中而来的道路非常重要，因为它使得原始的场所精神充满活力。目前罗马的岩石和山丘已经丧失了大部分的表现，由于地表在历史的变迁过程中上升了10～20米，我们必须到伊特鲁里亚去重新发掘能够"教

育眼睛"的古罗马地景。在伊特鲁里亚峡谷中，我们遇到了正如普托吉斯早已贴切地称之为"罗马之前的罗马"[19]。在这里我们发现了纳沃纳广场的棕金色以及罗马街道，同时发现了柔软而具延展性的凝灰岩，它调整了罗马人的造型观点。虽然峡谷的地景和北欧国家的浪漫式地景有共同的特质，但是基本上是不相同的。峡谷

255.位于奇维塔卡斯泰拉纳的罗马地景。
256.位于维泰博（Viterbo），圣朱利亚诺（San Giuliano）的伊特鲁里亚人岩石凿切的正面。

单元并不容易。它们的共同点是具有量感和包被式的；窗户小小的，像洞口一般嵌在墙上。最常见的建材是凝灰岩块，有各种颜色，由深棕色到黄色、灰色和黑色。材料的柔软性以及砌块不规则的组合，使得这些建筑物好像是捏出来的，而不是建造出来的，连续而不规则的立面排列更加强调出这种印象。从凝灰岩上升起的房子成为更精确的自然形态的细节，而且村庄的位置经常在地景中界定并强调这些重要的结构特征，如顶端、独立的山丘和"海角"。当建筑用来阐明和形象化由造型和空间组成的地景时，可以正确地将其称为"前古典的"，这也是由房子本身的基本形态所强调的特征。罗马地区的风土建筑结合了对大地的亲密性与对可想象的秩序的希望。

罗马的都市建筑大多保留了这种风土特性。在马尔兹广场，尤其是在特拉斯提弗列，街道看起来好像是在凝灰岩岩石上挖出来的空间，而不像是"建造的"环境；厚重而粗糙的地基强化了这种印象。酒吧（tabernae）的拱形开口令人想起在深峡谷的垂直面上凿出来的洞穴。拱圈本身几乎没有什么结构特征，经常在开口部四周形成一种连续的和"捏塑出来的"框架。建材（非常薄的面砖和灰浆）强调出界定空间的边界的连续性。在最简单的房子里，很少见到复杂的连接。复杂的连接只存在于可以用楼层带（sting-courses）加以细分的门面上。在比较复杂的建筑物中，楼层本身可能会有所差异；例如粗石面的基座使楼层逐渐"明亮"。在这种脉络中我们可以想起塞利奥将粗糙平面的墙壁特性视为"自然的表现"，这种概念证实了16世纪的建筑

并未构成像北欧森林那样无垠而神秘的世界，而是包含着被界定的和可想象的空间。而且与天空之间的关系也不相同，峡谷中墙的顶端并不是锯齿状的轮廓，而是突然从平坦的平原中切断。像一排冠着檐板的建筑物。事实上伊特鲁里亚人将墙转换成了半古典式的外墙（诺奇亚），而不是北欧观念里的浪漫世界；因此峡谷表达了一种"前古典式"世界，一个仍需加以人性化的世界。

罗马地区的风土建筑与其自然特征有非常密切的关系。房子经常是简单而棱线分明的形态，斜屋顶刚好延伸到外墙之外。它们大多以这种方式结合在一起，不过要区分出单个的

257. 位于维托尔基亚诺（Vitorchiano）的住宅。

258.沿台伯河街道（Lungotevere）尚未建造的罗马。
259.犹太区的老街道。

260.图拉真广场（foro di Traiano），贝勃拉提卡。
261.执政官威其奥大街（Via del Governo Vecchio）。

仍然能够识别其风土的根源。不过楼层的差异没有变成独立单元中垂直的"附加物"。世俗的罗马外墙经常缺少古典秩序，而古典的细部则出现在山墙、檐板等处。所以罗马传统的房子是一幢统一的和封闭的建筑物，表现出可塑性与厚重感。建筑的细部应用在量感十足的核心上，而不是主体

上的一部分。这种类型在整个发展过程中一直保持自己的特性。我们可以在古罗马街屋住宅（insulae）中发现，也可以在罗马近郊保存完好的奥斯蒂亚（Ostia）古城和罗马的"贝勃拉提卡"（via Biberatica）中清楚地看到。这种表现在中世纪时不复存在[20]，在文艺复兴和巴洛克式王宫中重新出现。

1450年左右阿尔伯蒂在佛罗伦萨的鲁切拉宫（Rucellai）所引入的古典柱式的重叠并未在罗马成功地发展。在文书院宫（Palazzo della Cancelleria）使用正面壁柱（facade-pilasters）之后，罗马建筑便重返具量感的自然表现，在桑加罗（Antonio da Sangallo 1517）的法尔内塞宫

262.文书院宫（Palazzo della Cancelleria）。
263.贝鲁奇（Peruzzi）设计的马西莫宫（Palazzo Massimo）。
264.桑加罗与米开朗琪罗设计的法尔内塞宫。
265.波罗米尼设计的天主教推广中心。

（Farnese）中可发现其典型表现的思路。因此在罗马环境中保存着对自然的亲密性。甚至在巴洛克时期，该建筑物也并未改变其基本特质。例如波罗米尼的天主教推广中心（Propaganda Fide，始于1647）好像是一幢硕大的封闭体量。圆角强调了其可塑性，而且楼层间的"带状楼层"将量体连接在一起而不是加以分割。主立面表现出一种凹凸的运行，明显地表现出罗马墙壁的连续性。罗列的巨大壁柱位于中央入口的两侧，不属于任何骨架结构，不过，主要楼板结合了高雅的窗户，展现了建筑物"古色古香的"可塑性力量。古典秩序很显然在罗马建筑中具有特殊的功能。在希腊建筑中古典秩序完全是一种组织性元素，建筑物系由柱子、柱顶线盘和山墙所构成。建筑物为"柱梁结构"（trabeated structure），每个构件都具体地表达了整体的特性。相反，在罗马建筑中古典柱式是运用于既有的和先验的量体上的，或从中"解放"出来的。因此柱式纯粹是表现本质的特征功能的，同时使既有的存在"人性化"。这在竞技场中很明显地表现出来，重叠的柱式将主要的量体转成一种特性系统。身为重要的公共建筑物，位居"中心"地位，为了明显地展现秩序，竞技场将柱式暴露在外部，扮演了它在都市环境中焦点的角色。在罗马王宫中柱式的重叠反而局限在院子里。古老的自然力量主宰着外部，必须走入内部才能发掘人类世界中古典的特性。在中庭里人从场所精神的主宰中解放出来，同时能够和那些象征他对世界一般性理解的造型生活在一起。古典的雕像神龛经常被用来标记王宫的入口，预示内部区域的特性。

266.竞技场的柱式重叠。

267.法尔内塞宫内庭的柱式重叠。

　　不过在某些情况下柱式也用来表现公共都市空间的特性。我们再以坎皮多里奥广场和圣彼得罗广场为例。因其突出的城市中心的位置，这些广场表现了自然与文化所形成的一种综合体。"集结"特殊的自然环境意义以及人类的一般性认知，使得生活的整体形式显而易见。这两个例子里的这种问题都在罗马前期被解决了。广

场不只是"都市内部装饰"，其边界还具有可塑性的品质和典型的罗马墙壁的宏伟气势。以巨大的柱式（坎皮多里奥的壁柱和圣彼得罗教堂的柱子）承载非常重的柱顶线盘，顶上装饰有栏杆或雕塑。水平构件与垂直构件之间强而有力的互动关系是罗马而非希腊的特性，而且当我们在庞大而膨胀的托斯卡纳柱间行走时，感受到

了古老的深峡谷世界的回响，同时想起了维吉尔说罗马的环境带有"邪气的恐惧"的话。这里的恐惧并不是宣告众神之王宙斯的存在，而是为进入圣彼得罗教堂做准备，这座教堂可以说是继万神庙后罗马"室内性"的最伟大的特征。

　　自从君士坦丁大帝建造第一批教堂以来，罗马神圣的建筑一直保持着

268.保守宫（Palazzo dei Conservatori），米开朗琪罗。
269.圣康斯坦齐亚大教堂（Santa Costanza），室内。

典型的特色。封闭性和轴向性的基本主题一开始便具体地表现在集中的和纵向的结构中，这些结构早先被运用在洗礼堂/陵墓和最具代表性的巴西里卡教堂中，具有明显深刻的差别，将生命诠释为介于生死之间的“路径”[21]。早期的教堂以强烈的“室内性”而著称。除了主立面有一定的浮雕之外，外部很少在建筑上花费心机，建筑被视为环绕在丰富而明晰的内部周围的一个中性外壳。这种主题通常来自古迹，不过基督教对其有不同的诠释。万神庙的室内很显然是宇宙的一种表象（representation）。空间被区分成三个重叠的区域；首先是具有可塑性，其次是具有比较简单和规则的明晰性，最后是由几何形圆顶明显表达出的不朽的和谐性。在早期的基督教教堂中我们感受到了这种变异的回响；但是当较低的区域中精确的人神同形特性减弱时，空间中较高的部分则被转换成非物质化的天堂领域，犹如连续而闪烁的马赛克表面一般扩展开来。

文艺复兴和巴洛克教堂对相同的主题有新的诠释。我们发现外部也具有次等级的重要性，除了在主立面有所强调外，巴洛克教堂暗示着古代罗马建筑外部与内部之间恢复了活跃的关系。只有从周遭房子屋顶上升的圆顶才是完完全全清晰的主题造型，体现了教堂在都市所象征的价值。这些圆顶也同样是罗马杰出的表现，在水平和垂直的“运行”中表现出和谐的平衡；因此它们基本上不同于拜占庭和东方教堂“高耸的”轮廓。在罗马的巴洛克内部，人神同形的构件再度被肯定地运用。甚至在波罗米尼（始于1639）的四喷泉圣卡罗（S.Carlino）教堂中纤细的空间仍由可塑性柱身所形成的"柱廊"所环绕，在拉特兰的圣彼得罗教堂中，同一位建筑师使用了富有韵律而连续的巨大壁柱。不过一般而言，巴洛克教堂保留着罗马空间古老的洞穴式特性，摒弃了哥特式所启迪的中欧建筑的非物质性[22]。

罗马人对空间的处理就如同希腊人对可塑性造型的处理一般。将古典的柱式运用于内部和都市空间的边界，将不定型的外壳转变成一个结构整体，在那儿边界的特质决定了空间的特性。虽然以有形形式覆盖空间边界是不可能的，但是墙壁可以被转换成可塑性的骨架，如贝尼尼在圣彼得罗广场的柱廊处理的方式。在罗马，"常规的"解决方式是将古典的构件运用在连续的结构墙壁上。万神庙便使用了这种方法，大型温泉、马克西提斯（Maxentius）大教堂与巴洛克教堂也采用了相同的方法。因此罗马建筑中"既有的"条件是以量体和空间作为原始的整体。"人在软岩上凿出空间，而不是建造一个"相对物"，像希腊神殿一样，面对人……人宁可钻进不定型的事物里，创造力是为自己打造一个存在的空间"，[23]卡什尼茨（Kaschnitz von Weinberg）的这些话把希腊与罗马的不同思路界定得非常完美。我们还需要再补充一下，罗马人采用了古典柱式以使他们的生存空间"人性化"。

最后我们将造访纳沃纳广场，在原型的造型中体验罗马的生存空间。纳沃纳广场并不是一个纪念性广场；在此我们甚至重回起源地，重新发现峡谷的"田园"世界以及自然栖息地。它的特色具体化了地方性地景，连续的黄棕色墙壁使我们想起了伊特鲁里亚的凝灰岩。不过边界的明晰性

270.位于山谷的圣安德烈亚教堂（Sant'Andrea），外部正立面圆顶。
271.四喷泉圣卡罗教堂，室内。

272.纳沃纳广场。
273.纳沃纳广场及贝尼尼设计的喷泉。

274.西班牙楼梯。

也包含了人神同形的古典特性，圣艾格尼斯教堂（S.Agnese）的圆顶是突出的立体空间，在自然与文化之间没有达到理想的平衡状态时，这两个组成部分都不占主导地位。在纳沃纳广场我们的确置身于"内部"，亲近大地，与日常生活中容易理解的存在事物密不可分，而且我们感受到的是浩瀚文化整体中的一部分。难怪纳沃纳

广场是罗马杰出的公共场所。自然与文化的融合被浓缩和形象化在贝尼尼的大型喷泉中，那里的自然元素，如水和岩石，与人类的雕像和宗教象征，以及方尖碑的宇宙轴线融为一体。最后在圣艾格尼斯教堂我们发现了罗马另一种特性元素：宽阔的楼梯。在罗马，楼梯并不是用来创造不同的存在区域的距离的；而是表达了地面本身

的明晰性。伟大的罗马楼梯让我们更接近大地，增强我们的场所归属感。

4.场所精神
Genius loci

我们对罗马地区的空间结构和特性所做的分析，显示出罗马塑造了一个包含"所有事物"的地景中心。

古罗马保留着古老的大地力量，以及古典神祇人神同形的特性和天空抽象的、宇宙的秩序。这些意义在特别多样化和丰富的环境中体现出来。在伊特鲁里亚我们体验了峡谷的"地下世界"，在阿尔巴诺丘陵我们登上了阿尔班山，与"新的"神祇相会合，同时在这两个领域之间，村落融入了日常的生活，人们每天的生活都在这里发生。罗马成为主要宇宙的角色无疑是由自然情境所决定的。罗马集结了所有存在意义的主要范畴，没有其他的场所能与之相比。这种集结不只是因为它位于城市中央的位置，还因为它对各种意义的积极象征。因此峡谷世界在罗马日常生活的街道与广场中得以重现，而且神祇从山丘被引领到城市的神殿中居住。这些神殿、神祇使他们的影响力扩展到整体的环境中：古典的造型出现于正立面上。在住宅与王宫的庭院内，将其"自然的"结构"人性化"。这种大地和古典的综合体构成了罗马"田园诗"的本质。相反在希腊城镇中，大地的力量被"新的"神祇所破坏，环境经历了一次完整的古典转变。因此人所获得的收益又损失了，像是从既有的自然真实中的一种分离。

罗马的综合体也包含宇宙的维度，自古以来便一直与太阳周期产生关联。索拉特山在罗马的正北方升起。吸收着太阳的辐射，贺拉斯（Horace）说："看啊！多么深的雪，积在闪烁的索拉特山上……"[24] 直到今天高山仍在吸引着这村落中的游客。阳光的品质的确是决定罗马场所精神的重要环境因素之一。罗马不像沙漠中的太阳那样具有吞噬"物"的力量，也不像北欧的闪烁气氛的品质。罗马的阳光是强烈而可靠的，突出了"物"可

275.圣彼得罗广场，贝尼尼设计的柱列。
276.特莱维喷泉（Trevi fountain）。

塑性的品质，当阳光与棕褐色的凝灰岩交会时，环境便具有一种温暖而自信的特性。不过宇宙的维度不只是阳光而已。首先它意味着一种方向性系统，给所有外观塑造了参考框架。方

位基点在变幻无常的世界里赋予人类不可动摇的立足点。方位基点并未被任何特殊的场所所束缚，而是具有一种普遍的效用，使南北—东西轴向的体系成为罗马帝国的自然象征[25]。仅仅

277. 从吉阿安可罗（Gianicolo）眺望早晨阳光下的罗马及阿尔巴诺丘陵。

278. 米开朗琪罗设计的圣彼得罗教堂的末殿。

164

将这种体系诠释成权力的表现将是一种短视；这种体系甚至具体表达了隐藏在所有现象背后的一般性宇宙的和谐要义。所有主要的建筑类型都结合了方位基点，这使得罗马的综合体变得完整无缺。

在帕莱斯特纳这种综合体有具体的形态。在此自然本身揭露了它所隐藏的秩序，同时只有人类才能将其清楚地表现出来。在竞技场和万神庙中，综合体象征性地表现在都市的人为环境中。因此竞技场以最简单的方式结合了原始的事物：人神同形的柱式以及宇宙式轴线。身为罗马的都市焦点，竞技场率直而公然地揭露了这种综合体。相反，万神庙则表现出与"内部的"世界相同的含义，表达了罗马的综合体并不是人一直添加在世界上的某种物。综合体系天生就存在于世界中，如果我们洞察"物"，将会发现真相。这两种建筑物让我们想起海德格尔的话："在大地之上意味着在苍穹之下。"竞技场在垂直方向是开放的，由天空所覆盖。当你置身内部时将忘记城市不规则的"世俗"水平层面；一个完美的和未受干扰的外形，形成上方自然的圆顶基础，从未有人以更信服的方式来表现天空[26]。在万神庙里世界被集结在一个构筑的和象征的圆顶之下，说明圆顶的镶板与圆形中心并不相干是很重要的事，圆形可能是被镶入空间的。圆顶和地板中心有关，亦即与大地的中心有关，垂直轴线由该中心升起，穿过顶部的大开口，因此将大地与苍穹（也是阳光）结合在了一个有意义的整体中。

罗马建筑集结了一个"完美的"环境并将其形象化，这种集结很显然包含了来自其他文化的影响。因此歌德说罗马"献给所有的神一处住所"。不过这种影响不仅维持着外来输入的面貌，而且多亏古罗马多样化的结构使得所有的事物都可以找到一种地方性参照。如果没有阿尔巴诺丘陵，古典的神祇将不可能在罗马找到舒适的家，如果平原不具有伟大和庄严的结构，那么一般性的宇宙秩序的意象可能只是人类幻想下牵强附会的产物。这种普遍的包容性即是"条条大路通罗马"的真意。我们也可以补充说条条道路也始于罗马。

罗马场所精神的威势和多样性在历史过程中赋予城市建筑一种独特的自信和壮丽。甚至纯粹而高贵的15世纪样式在罗马古迹的影响下也具有新的实在性。没有罗马，那伟大而统一的内部，例如阿尔伯蒂在曼托瓦（Mantua）的圣安烈亚教堂（Sant'Andrea）将是无法想象的，它的正面再现了罗马的凯旋门。16世纪的危机并未使罗马建筑如其他场所一般沦为任意形式的造型，在罗马反而产生了大地力量的复苏。在巴格内亚（Bagnaia）、博马尔左（Bomarzo）和蒂沃利的别墅中特别明显，那里的人真正地重返了自然。在这种关系下可以很有趣地说明16世纪的样式对伊特鲁里亚和蒂沃利"荒芜的"自然偏好胜过了佛拉斯卡帝（Frascati）古典的环境，由于这种缘故，它成为17世纪意大利艺术中的时髦场所。更重要的是米开朗琪罗悲剧的艺术也正好反映出罗马的场所精神。肉体强烈的可塑性和无限的厚重感是真正的罗马，同时他将肉体界定为"灵魂的监狱"，他以地方性精神诠释自己的情境。因此米开朗琪罗的艺术仍在罗马的桎梏里：不可能像北欧的风格主义（Mannerism）一样变得抽象而超脱。在巴洛克期间场所精神和时代精神很完美地结合在一起。两者都企望一种综合而灿烂的整体，结果产生了贝尼尼令人欣喜的作品以及波罗米尼整合的与动态的空间。波罗米尼复杂的个性的确反映出各式各样的"影响力"以及对建筑的某种"浪漫式"的忽略，不过他的空间概念是一个包被的和不可分割的单元，在本质上是罗马的。宁愿成为叛逆者的角色，所以贝尼尼和波罗米尼对相同的地方性特性有不同的诠释。

罗马至今一直保有其特点。在法西斯时期对城市"田园式"展开了攻击，不过目前已告结束。不幸的是真正的建设并未显出对场所精神有什么理解。只有在内尔威（Nervi）的体育馆（Sports Palaces）仍能体验到罗马的空间感受和可塑性的表达[27]。而更危险的是新的建筑渐渐地破坏了古罗马的地景。在过去，一处摧毁的罗马场所意味着重返自然；几百年来，昔日文化的废墟变成了罗马地景的标志。这种自然的罗马，总是使罗马获得重生，不过目前土地所赋予场所本身的特性仅变成了一种回忆。竞技场依然矗立，不过人很显然不再尊重它所具现的意义。或许竞技场的没落就表现在这种隐喻的意义上！

279.场所；封闭与集结。托斯卡纳的蒙泰利吉欧尼。

VII、场所
PLACE

1.意义
Meaning

为了理解场所精神，我们介绍了"意义"和"结构"两种概念。任何客体的"意义"都在于它与其他客体间的关系，换言之，意义在于客体所"集结"为何。物之所以为物系因其本身的集结使然。"结构"则暗示着一种系统关系所具有的造型特质。因此，结构与意义是同一整体中的观点[1]。两者都是从现象变化中抽离出来的，并不合乎科学的分类，而是一种对"恒常性"的直接认知，换言之，是从变幻无常的事物中所表现出的明显的常态关系。儿童的"现实构建"意味着他学会了将可变的现象视为具有代表性的相同事物[2]，同时包括了"客体""空间领域"和"时间领域"[3]，与我们所区分的范畴"物""秩序"和"时间"相符合。这表示每个小孩所谓的重复理解过程，都反映在古代的宇宙进化论中。毋庸置疑，小孩对其所认知的客体表现和特性也形成了一套与本身的场所结构有关的理解方法。事实上孩子们就像"原始的"人类一样无法区分精神与实质，他们所体验的事物都是"生气蓬勃"[4]的现象。一般而言，意义是一种精神的函数，取决于认同感，同时暗示着一种归属感，因此构成了住所的基础。我们必须重申人最基本的需求是体验他的存在是具有意义的。

在讨论自然的和人为的场所时，必须对它们的基本意义和结构特质有一般性的描述。自然的意义可归纳成五个范畴，包含了人对自然的理解。

很显然，人与这些意义产生了互动的关系。人是"物"中的一个"物"；人在高山和岩石间、河流和树木中生活；要想"利用"它们就必须了解它们。人也和"宇宙的秩序"生活在一起；如太阳的路径以及方位基点。周围的方向性并不仅是几何形而已，而且是到处可见的事实。人尤其与物的"特性"有关。在早期的野兽阶段，人逐渐形成了一种有意识或无意识的理解，在人本身的精神状态与自然的力量之间存在一种和谐气氛。人只有与物建立个人的"友谊"时才能体认环境场所的意义。人无法与科学的"数据"为友，只可能与品质为友。人也必须与"阳光"生活在一起，同时被阳光所改变。个人或集体的态度（"心智状态"）事实上受到环境"气候"的影响[5]。最后人生活在"时间"里，这意味着人与其他四个角度的变化生活在一起。人与昼夜的韵律以及季节生活在一起，并活在历史里。

人脱离自然而独立是早已为人所熟知的事。黑格尔在《历史哲学》中即以"世界历史的地理基础"这一章节作为开端，企图提出"地方性的自然形态与土壤所孕育出的人类的类型和特性息息相关。这种特性是人在世界历史中出现并找到他们的位置的方法[6]，赫尔德（Herder）引进了"气候"的概念并将其涵盖整个自然的和人为的环境，同时认为人的生活特性系"气候化"。不过他又说气候并未"约束"人类；而是在诱导或安排人类[7]。汤因比（Arnold Toynbee）诠释人与其环境的关系是挑战与回应[8]。大体而言汤因比认为"环境"是实质

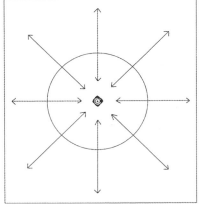

280.壶与水果，塞尚（奥斯陆，国家画廊）。
281.分离与反射，图形。

的自然。所有这些伟大的历史学家都理解自然环境的重要性，同时他们强调人回应与塑造自己世界的能力。很显然人不只是"建造"自然而已，同时也建造了"自己"；在此过程中，人可以用不同的方法诠释一种既有的环境。

人与自然的关系也形成了马克思理论的出发点。马克思主义最主要的教条是人系一种生物的存在物，是自然的一部分，而自然则是一个"客观的事实"，与人的意识毫不相干。在他的著作中，人面对这种事实，因而理解了人"在自然中"的目的。这意味着人不必脱离自然便能主宰自然，不过必须对自然的"法则"有深刻的理解。人的意识一方面受其内涵所限，另一方面则反映自然，虽然意识具有某种独立性和回馈力量。要想了解马克思主义，对于马克思主义定义自然为事物（matter）加以补充说明是非常重要的。"事物"的运用是非常广泛和具体的概念（"诸如此类的事物并不存在，除非有具体的表征"），不过事物并未涵盖"意义"与"特性"的概念。虽然马克思主义在结构上是很健全的，但是对于人与其环境的关系则显得不完全。精神的观点被忽略了，亦即方向感和认同感的机能。由于这种省略，马克思主义对"住所"也就没有很完全的理解，企图战胜人类的疏离感宣告失败。[9]

疏离感最主要是由于人对于构成其环境之中自然的和人为的物丧失了认同感所引起的。这种丧失也阻碍了集结的过程，因而种下了我们实际面临的"场所沦丧"的祸根。物已变成用后即丢弃的消费客体，自然则被视为"资源"[10]。只有当人重拾其认同感和集结的能力时，才有可能遏止这种破坏性的发展。第一步是要完全理解有关认同感与集结的客体，亦即理解物的概念。因此我们应该也可以定义人为意义的本质以及人为意义与自然意义之间的关系。我们又必须向海德格尔请教。在他的《物》的论文中，他以壶为例，在壶中寻找"壶性"。"壶所具有的特性在于它倾倒时所具有的倾倒天赋……所倾倒的东西必然是某种饮料。喷泉保存了水的禀赋，岩石在泉水中居住，昼夜酣睡的大地居住在岩石中，吸取着苍穹的雨露。泉水中的水居住在天与地的结合里……天与地则存于水及酒的禀赋中。而这种倾倒的禀赋正是壶之为壶的原因。天地存于壶的壶性中"，"壶的重要本性，它的展现……即我们称之的物"[11]。海德格尔便以壶的机能，倾倒，作为出发点。他界定倾倒为一种禀赋并询问在这儿什么是"既有的"。水和酒是既有的，并与天地共存。壶被理解为一种能满足某种目的的人造物。不过壶的功能形成了在天地间所发生生活的一部分。壶参与了这种发生；是的，壶是使生活具体化的场所的一部分。因此真正的物的功能是以各种观点使生活具体化或"揭露出来"。如果一物无法如此，便不是一种物，而仅是商品而已。当我们能"辨认"组成我们环境的物所透露的事时才能诗情画意地居住。物是为揭露的目的而制造的；它们集结世界，而且本身也被集结形成一个小宇宙。

这告诉我们人为的物的本质究竟是什么呢？它们只是自然意义的反映而已，还是人能创造出人自身的意义呢？我们不是已经证明人为场所的意义系由经济、社会、政治及其他文化现象所决定的吗？不过海德格尔所举的例子，表示人不可能完全由本身创造意义。人系生活世界里的一部分，无法在真空中构想出意义。意义必须成为涵盖自然要素整体的一部分。世上所有经由人所创造的物，存于天地之间，都必须显示出这种关系。如此一来，所创造出来的物便根植于地方性，或至少是一般所言的自然。"浪漫式建筑""宇宙式建筑"和"古典式建筑"的区分，意味着根植于自然中的不同存在物的模式。

不过人为的物（场所）的机能不仅是简单而有根源的表征而已。集结的概念意味着自然的意义以一种与人类的用途相关的新方式结合在一起。因此自然的意义是由其脉络中抽离出来的，像一种语言的元素一般，被组合成一种新的复杂的意义，启发了自然以及人在整体中的角色[12]。诸如此类的组合很显然也可能包含人所创造的元素。我们已经说明人如何建造一座地标或一幢房子，接下来是理解人类环境。若想具有意义，则人的发明必须具有造型上的特质，在结构上则必须有其他的相似事实。如果没有这种情形，人的发明将孤立于纯粹的人为世界里，而与事实缺乏联系。结构上的相似性的主要种类可以用"空间"和"特性"的分类来加以描述。自然的和人为的空间就方向性和边界而言在结构上是相同的，二者都需要区分上与下，以及扩展和包被的概念。这两种空间的边界是由"楼板""墙"和"天花板"所界定的。因此自然的和人为的空间表现出彼此相辅相成的关系。正如希腊人所理解的一样，自然的特性与人类的特性也是同样的道理。使特性具体化的人为造型，很显然可以不必直接模仿经由类比而来的自然造型，不过必须具有共同的结构特质。

"集结"意味着物的聚合，亦即由一个场所转换至另一个场所。这种转换通常是由象征手法来完成的，不过也可能包含一种对建筑物或物的具体取代。因此经由象征手法的行为是一种诠释和翻译的创造性行为，具体的取代是被动的，而且大多与获取"文化的"借口有关[13]。希腊城镇（polis）的基础便在于意义的创造性置换。在某些自然场所中流露出来的意义被转换成建筑物，而且别的地方也耸立着相似的建筑物，这种建筑物蔓延了到城市。利用人为的结构将地景的品质可视化，确实是伟大的概念，因此象征性地集结许多地景于一个场所中！我们已晓得罗马的场所精神系出于这种集结。

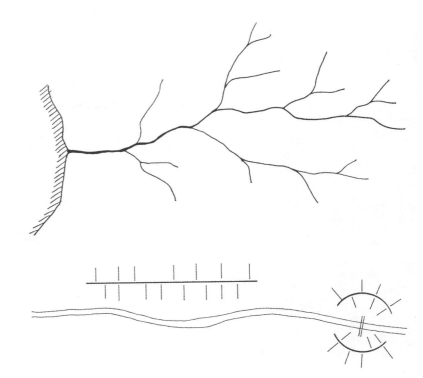

282.河流系统。
283.山谷聚落，图形。
284.挪威农舍。位于黑达尔的哈利尔德斯塔（Harildstad, Heidal）。

285.古桥，佛罗伦萨。
286.由米开朗琪罗广场眺望佛罗伦萨。

意义的蔓延很显然是由于普遍的兴趣使然，亦即由于它们是"真理"的一部分。象征使得真理明显地表达出来而形成文化。文化表示将既有的"力量"转换成能够延伸至另一个场所的意义。因此文化系以抽象性和具体化为基础。经由文化，人得以在事实上扎根，同时人能从完全依赖特殊的情况中解放出来。我们了解既有的经济、社会、政治和文化的条件不可能产生人为场所的地方化的意义[14]。它们乃世上固有的，而且在所有的情况下多半来自地方性，成为一种特殊的"世界"表征。不过意义可能被经济、社会、政治与文化的力量所利用。这种利用是在意义可能性中的一种抉择。因此这种抉择告诉我们真实的情况，不过这种意义有更深的根源。一般我们可以用"物""秩序""特性"和"阳光"这四种范畴来涵盖意义。传统上，这些范畴一直与天、地、人和精神有关。因此与海德格尔所谓的"四种层次"（fourfold）相呼应[15]。住所在于"保存"这四种层次，即"将四种层次保存于与人所相处的物里面：存于物中"[16]。物的本性在于其集结为何。壶集结了地与天，桥集结了大地，成为河流所环绕的地景。一般而言，物集结世界因而揭露了真理。塑造一物意味着"履行"真理。一处场所是这样一种物，因而是一个具有诗意的事实。

我们称场所的建造为建筑。透过建筑物，人赋予意义以具体的表现。同时集结建筑物并形象化和象征化其生活形式成为一个整体。因此人的日常生活世界变成一个非常有意义的家，使他能居住。许多不同的建筑物和聚落，由于功能与情境不同，所集结便有所不同。风土建筑，即农庄、

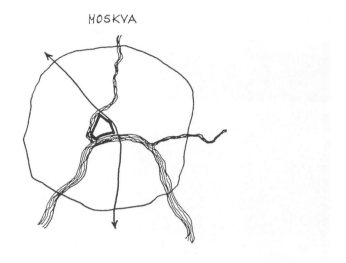

287.莫斯科，简图。
288.蒙塔尼亚纳（Montagnana），波河谷（Po Valley）。

289.阿拉特里山丘（Alatri），拉齐奥。
290.锡耶纳。

291.地景中的阿西西。
292.鸟瞰阿西西。

村落，表达了地方性的地与天的直接意义。因此风土建筑是“环境的”建筑，与特殊的情境有密切的关系。相反的，都市建筑具有更一般性的价值，因为它是以象征性和转换[17]作为基础的。因此都市建筑的前提是一种造型语言，一种“样式”。在城镇中“外来的”意义与地方性精神相遇，创造出一种更复杂的意义系统，都市精神不只是地方性而已；虽然我们曾举出布拉格、喀土穆和罗马的地方性在使聚落有其特殊的认同中扮演重要的角色。都市的集结可以理解为依照真实社会的价值观与需求，而对地方性精神所做的一种诠释。一般而言，我们会说意义是由构成场所的场所精神所集结产生的。

建筑是背驰与归返的一种辩证。人，流浪汉，走在自己的路上。人的任务是洞察意义，实现其意义，此为“安顿”（settle）的字义。一个聚落使真理存于建筑之中。付诸实现（setinto-work）在此意味着建筑边界或“门槛”，聚落因而展现。门槛是“外部”与“内部”的交接处，而建筑正是这种交接处的化身。“场所追求的与场所形塑的特性在可塑性的化身里”[18]发现了它们的“模样”（look），同时人也找到了自己的“展望”（outlook）[19]。因此门槛是“集结的媒介”[20]，物以“清澈的明亮”出现其中。

2. 认同性
Identity

场所是自然的和人为的元素所形成的一个综合体，系建筑现象学的主体事物。两种元素之间的主要关系由世界的区位（location）所表示。人在何处安置其聚落？自然在何处能够形成“邀请”人来定居的场所？这些问题必须以空间和特性的观点来回答。从空间的角度来看，人需要一种包被；因此在自然中便企图定居于能够提供一个界定空间的场所。从特性的角度来看，自然的场所包含了许多有意义的物，如岩石、树木和水，能表达一种“邀请”。事实上我们发现罗马便是具有这些元素的一个场所。有时这些条件可能对空间与特性都有利，有时只能在自然中满足其一（或甚至完全没有）。真实的情况若很有利，形象化便成为场所具体化最重要的方法，因此一个自然条件不足的区位，就必须借助“补充”与“象征”去改进。[21]

以非常概括的角度来看，大地的地表起伏倾向海洋。除了一些独立的内部盆地以外（可能是火山源头），一片“正常的”土地总是面向海洋的[22]。在扩展的平原上这种方向性没有像在山谷那么让人强烈地感受到。一般土地的运行与使空间模式形象化的河流系统（及湖泊）相符。河流入海处，山谷经常由此展开而形成一种圆形的海湾，人类聚落的区位非常受这些条件的限制。空间像平原、山谷和海湾一样提升了具有特性的聚落类型，河流、合流点或海滩一直被视为空间的定位。许多场所名称的结尾表达了这种状态：浅滩、港口、河口、水门、港、桥梁。山丘地景如果有强烈的地表起伏，自然的场所将出现在山丘顶部而非山谷下面。因此我们了解地表起伏的尺度将影响区位。顶端很显然也常是被选定的对象，因其在周遭的地景形成一个自然的中心。另一个影响区位的普遍因素是太阳的方位，南向的斜坡很显然比北向来得宜人，因此欧洲农村和村庄大多位于山谷北侧。朝向和自然的空间有时结合在一起，创造非常适合聚落的有利条件，这些条件有时则是相互矛盾的，但某种包容性是必需的。

如果人为的场所都它们的环境相关，自然条件与聚落形态学便有一种意义非凡的关联性。聚落必须解决的基本问题是如何集结周遭的地景。以空间而言是如何集结一片平原、一处山谷、一座不规则的山丘或一处海湾？每种情况很显然可以有不同的诠释[23]。最简单的，风土的解决方式在于对自然空间的直接顺应。在一处界定的山谷中，意味着在土地上形成一排平行的方向，亦即沿着联系的自然路径排列。在许多地方都可以看到这种模式，例如在挪威的泰勒马克和塞特斯达尔（Setesdal）峡谷，"排桶"（row-tun）成为乡间聚落的主要类型[24]。都市的山谷聚落反而表现出一片以中心集结周遭的空间。利用穿越山谷的轴线而达成，多半与一处浅滩或桥点（bridge-point）有关。因此中心的形成仍旧是地方性环境的功能，不具有"宇宙的"含义。不过罗马人使用这种基地时，经常将南北－东西轴线安置在河流的一侧，因此减少了地方性空间的重要性（伦敦、巴黎、科隆、雷根斯堡（Ratisbon）、都灵（Turin）等）。因此罗马殖民地聚落，虽然常常有点自然的误差，不过仍能表现出绝对的系统，而不仅是地方性地景的集结而已。在佛罗伦萨特别明显，该地罗马轴线出现在河流和山谷的直交处。在中世纪期间都市包被的界线反而又与河流相配合。"场所自由"和"宇宙

293.吉廖岛（Giglio），城堡。
294.斯佩隆加海岸（Sperlonga）。

式"方位的另一个例子是基督教教堂传统的东西轴线，在许多中世纪城镇中与都市脉络的主宰方向相冲突。

平原上的聚落对诠释具有类比的可能性。在此基本的风土造型并不是排列式，而是密集的簇群或包被（环状、方形）。这些造型在周遭的陆地上表现出一般性的、无方向性的扩展。都市中心的发展经常与几何形

结合在一起，譬如建筑物或一个规则的、方形的或矩形的包被（蒙塔尼亚纳），或是比较罕见的环状。当一条河流出现时，形成了包被与纵横方向有趣的结合。莫斯科提供了这种实例，克里姆林（Kremlin）三角的形状是对环状、河流和横轴的诠释。在平原上罗马的体系与之意气相投，不过很显然仍表现出一种抽象性，如在卢

173

295.圣马可广场,威尼斯。
296.圣马可广场,广场本身。

卡(Lucca)所表现的那样,中世纪期间密集的簇群住宅使该地充满了这种系统。

位于扩展的山丘地景的建筑物会带来不同的问题。在此与方向性事实上没有一点瓜葛,唯一的结构可能性是利用集中的或纵向的簇群将顶端和丘顶可视化。这种结果在意大利很明显地表现出来,"山丘城镇"在此

声势浩大。一般而言它们属于风土的范畴,不过有时也很重要,主要是孤立的、主宰性的区位(如奥尔维耶托(Orvieto)),或经由垂直性的强调(如帕罗巴拉(Palombara))使然。许多山顶在交会时也同样可以形成中心,例如在锡耶纳(Siena)的城镇整合了三个重要的方向性:北方(佛罗伦萨),南方(罗马)和西方(格

罗塞托(Grosseto),海岸)。当尺度变大时,山丘变成高山,聚落经常位于山上斜坡的一侧,形成一系列的梯阶台地。古比奥(Gubbio)和阿西西提供了最好的实例。梯阶台地同样表现了一种自然的解决方式,建筑物在半圆形的海湾时,便需要一种连续的、缠绕的配置[25]。岛屿多少都与岛屿的顶端和山顶有关。因此斯佩隆加海岸便是沿海的山顶簇集,所以城堡(Castello)在吉廖岛(Giglio)上便位于孤立的小丘之上,靠近岛的山顶。在同样的岛屿上也发现了一种原始的海湾聚落(吉廖港口)。

我们对区位与聚落空间形态的论述可能有些琐碎。不过目前这些简单的结构关系已经很难让人理解,更得不到尊重。由于我们场所中的一般性认同依赖这些结构而形成建筑现象学的重要部分。一般而言上述的聚落类型在图案与背景的主题上表现出各种各样的情况。在此我们所理解的图案并不表示一种出现于"中性的"背景中的外来元素,而是将诗意的表现精神形象化。到目前为止,我们主要是处理聚落的外在结构,即聚落与环境的直接关系。内在结构是必须与外在结构结合在一起的,都市空间并没有形成一个独立的内在世界。为了满足人的方向感和认同感,都市空间必须将聚落一般性情境具体化。很显然光靠形象化是无法达成的,象征性也扮演着决定性的角色。这表示特性的观点有其重要性,不过还必须顾及一些空间的问题。因此风土聚落的内部空间形成一个周遭的延续,或"空间中的空间"的简单关系[26],都市聚落由空间焦点的定义所区分,使市民能体认场所的一般性角色为一个地方性的区域中心。为了实施这种功能,这

些空间必须包含所有使场所集结的意义明确化的"物"（建筑物、纪念物等）。因此海德格尔说："……物本身就是场所，不仅"属于"某一个场所而已。"[27]在欧洲城镇道路的结构经常集中于焦点，使整个聚落成为一个富有意义的有机体，表现于中心的意义决定了造型，并与外界的情境产生互动。因此道路说明了意义如何经由城市大门的"门槛"带进内部。

说明都市焦点为集结中心角色的例子可谓比比皆是。我们曾提过的希腊的市集和罗马的方场便是，而中世纪的市集与天主教教堂的广场也是[28]。在欧洲大陆，天主教教堂是与扮演结合建筑物的象征性室内与城镇成一体的、都市空间的结合的。深邃的斜间正门（embrasured portal）更表现了内外的整合。在英国，天主教教堂反而位于教区中；一种比较保守的方式将空间分割成两个不同性质的区域。都市焦点在造型上的解决方式在锡耶纳尤其出色，教堂的广场和市政厅位于上述提及的三条路径交会点的两旁。威尼斯的圣马可广场也对都市集结的问题提出了伟大的解答，广阔的广场在密集的都市迷宫与耀眼无垠的海洋间，形成一个富有意义的转换。

都市道路与广场系由将城市所集结的意义具体化的建筑所构成。我们已经说明了这种具体化在于建筑物如何站立、耸立及开放，而且它们的"行为"经常被浓缩成装饰主题，表现出都市环境为一个整体的特性。这种装饰主题并非应用的装饰，而是对结构的"主要构件"所采用的独特解决方式[29]。分析站立、耸立和开放的机能，所遵循的主要构件是：基座、屋顶、角隅及开口部（窗、门），即

297.圣马可广场，威尼斯。
298.圣乔治大教堂（San Giorgio Maggiore），威尼斯。

建筑物与其环境有关的元素，界定了建筑物何以存于大地之上[30]，可能的解决方式很显然是形形色色的，不过一些装饰主题的主要类型总能被发现。

一般而言一幢建筑物可能位于地下、地上或凌空。位于地下表示与大地的力量有一种亲密的浪漫关系。经常通过使建筑物从地上成长起来而具体地表达，而且没有明显的

基座。"位于地上"则表示建筑物由一个基座中发展出来，这个基座就如同介于天地之间单独的、古典的物。最后"凌空于地面"则表示地面仍保持着连续性；建筑物以非物质的支柱（pilotis）置于其上，而且好像存在于一个抽象的、"宇宙式"空间之中。

耸立也有三种基本类型。不论建筑物是垂直地开放并以自由的和锯齿

299.庄严的，军事化的以及作为住宅的建筑，奥斯蒂亚古城。
300.矗立与高耸。位于罗滕堡（Rothenburg）的老房子。

301.矗立与高耸。市政大楼（Palazzo Comunale），位于韦莱特里（Velletri）。
302.矗立与高耸。诺伊曼（Neumann）设计的克罗斯特·巴兹修道院（Kloster Banz）角隅的阁楼。

的轮廓与天空相结合，还是以沉重的柱顶线盘式量感的屋顶形成封闭的独立实体，或简单的由强调横向扩展的中性水平带加以界定。

　　开口部的基本类型系由边界连续性的保存与消除所决定。在任何情况下，结果都由开口部的尺度、形态和分布所决定。因此在外部与内部间以不规则而令人惊奇的转换手法创造一种浪漫式相互作用是有可能的；或是一种明确界定的联系，在内部与外部都维持着它们清楚的认同性；或是一种抽象的、系统化的整合，两种领域似乎由相同的扩展"本质"所形成。在所有的装饰主题中窗户尤其重要，不仅表达了建筑物的空间结构，同时也表达了它如何与阳光产生关联。由于比例和细部上的处理，窗户参与了站立与耸立的机能，因此窗户成为场所精神的焦点与诠释对象。

一个场所的认同性系由区位、一般的空间配置和特性的明晰性所决定。如同我们体验的一个整体一样，一个场所像"在山丘里封闭的石屋所形成的密集簇群"，或像"在小海湾四周色彩鲜明的阳台住屋形成连续的排列"，或像"山谷中半木构造的山墙住屋并然有序地群集"。区位、形态和明晰性对最后的结果并不是同等重要的。有些场所的认同性来自特别有趣的区位，因此人为的成分便显得不重要。相反的，有些则位于单调的地景中，但具有一个界定完好的形态和清楚的特性。当所有的要素好像使基本的存在意义具体化时，我们便可以讨论一种"强势"场所[31]。上述的三个城市便是这种强势场所，虽然喀土穆在明晰性的特性上差强人意。但是它们都具有这些元素，同时场所的"强度"很容易加以改进，如果场所精神能被理解和尊重的话。

在任何情况下强势场所必须与地块、聚落和建筑细部有一种意义非凡的关联性存在。人为的场所必须以场所与自然环境间的关系去理解"场所之意欲为何"。这种关联性可以用许多不同的方式来达成。我们已提过风土的"顺应"和都市的"诠释"。诠释的可能性很显然由基地本身和历史情况所决定，两者可能都会倾向于某种思路——浪漫式、宇宙式或古典式类型的思路。而且一种诠释总是容许有单独的变异存在。因此一般聚落的特性是由主要的装饰主题所决定的，且因其环境而有所不同。主题与变异事实上是艺术具现的主要方法。主题表示意义的一般性综合，而变异则是对情况的具现。这些主题可能是

303. 位于萨勒诺（Salerno）的窗户。
304. 巴黎的窗户。
305. 上美景宫的窗户，希尔德布兰特所设计。
306. 圣乔治东方教堂（St. George in the East）的窗户，伦敦，霍克斯莫尔所设计。

一种建筑物的特殊类型，以及重要的装饰主题。最著名的实例是意大利的王宫、法国高贵的内庭式旅馆以及中欧的城市住宅（Burgerhaus）[32]。入口在大多数的聚落中也具有装饰主题，能"量测"出特性的重要性。因此美国的城镇很容易通过重复多样和显眼的门廊而辨认出来。一般而言"主题与变异"在明显的共同意义的系统中容许独特的认同性的表现。因而保存了场所的"精神"，不至于使场所变成一件缺乏生气而整齐划一的紧身衣。

307.主题与变异。荷兰城镇。

308.主题与变异。位于普罗齐达（Procida），住宅，那不勒斯。

309.入口装饰主题剑桥的街道，马萨诸塞州。

310.量感十足的骨架式结构。位于波河谷的农舍。

311.西尔斯大楼（Sears Tower），芝加哥，SOM的法兹勒汗（khan）与格雷厄姆（Graham）设计。

312.查尔斯河对岸的波士顿。

313.科普利广场（Copley Square），波士顿以及贝聿铭所设计的约翰·汉考克大楼（New John Hancock Tower）。

314. 挪威的木屋，泰勒马克。
315. 苏丹的非洲住宅。

3. 历史
History

有关场所认同性的讨论已使我们接近了常态与变态的问题。一处场所如何能在历史力量的压力下保存认同性？如何顺应大众与私人需求的变迁？目前自由放任（laissez faire）的态度否决了第一个问题，同时盲目地接受对变迁的顺应。我们一直想表达人的认同性是场所认同性的先决条件，所以常态的稳定精神是人类基本的需求。个人认同性与社会认同性的发展是一种缓慢的过程，无法在连续的变迁中产生。我们有充分的理由相信疏离感在目前成为热门的事，最主要是由于现代的环境在方向感和认同感上提供了太少的可能性。事实上布拉格

的研究显示出一个变动的世界将把人束缚在一个以自我为中心的发展阶段，不过一个稳定的结构世界解放了人类的心智能力[33]。而且我们对布拉格、喀土穆、罗马的分析更表现了场所精神在相当长的岁月里，只要连续的历史情境的需求不受到阻碍，仍能被保存下来。

在进行变迁问题的探讨之前，让我们先整理一下什么是应该加以保存的。场所精神由区位、空间形态和具有特性的明晰性明显地表现出来。当这些观点成为人的方向感和认同感的客体时就必须加以保存。很显然必须加以尊重的是它们的主要结构特质，例如聚落类型、营建方法（量块的与架构的等），以及具有特性的装饰主题。如果能适当地加以理解的话，这些特质总是具有各种诠释能力，并不影响式样上的变迁和独特的创意。如果主要的结构能受到尊重，一般性的和谐气氛（Stimmung）将不致沦丧。和谐气氛首先将人束缚在自己的场所中，并使观光客感受到一种特殊的地方性品质[34]。不过保存的想法还有另一种目的，意味着建筑发展史是以文化体验的集合为人所理解的，文化体验是不应该沦丧的，反而应该保留到现在供人"使用"。

历史所要求的是什么样的变迁？一般而言，这些变迁可归纳成三类：实用的变迁、社会的变迁和文化的变迁。所有的这些变迁都具有实质的（环境的）含义。当文化的变迁和社会的变迁透过实质的含义明显地表达时，我们便可以用"机能"的观点来考虑变迁的问题，并质问：场所精神如何在新的机能要求下仍能被保存下来呢？例如需要新的或大的街道吗？布拉格的例子教导我们有一种符合自

然场所结构的道路系统能在历史中发展。我们也想到罗马、艾玛纽大道（Corso Vittorio Emanuele）的瓦解（1836年以后），由于非常尊重传统的罗马街道的连续性和尺度，因此住宅的复苏（Sventramenti）能在法西斯主义下实现，引入了一种新的"外来的"都市模式，不过目的是为了恢复帝国首都的"宏伟"[35]。所以我们理解了谈论好的或坏的变迁是很有意义的。

不过有些人可能会怀疑我们所举的三个主要例子能否说明变迁的问题。当布拉格和罗马感受到现代生活的冲击时，旧的中心已受到保护，而喀土穆还在期盼成为一个现代的大都会。不过即使我们考虑像芝加哥那样庞大而真正的现代都市，基本上变迁的问题也没有什么不同。场所精神在此还是具有决定性的重要性，而变迁必须遵循一些法则。辽阔的平原和密歇根湖无限地扩展，反映出一种"开放的"直交的都市结构，每一幢建筑物都具体地表现出来。在芝加哥，包被的、圆形的或自由形态的建筑物是"无意义的"；场所需要的是一种规则的格子。这种场所精神已为早期的先驱者所理解，并在著名的"芝加哥建设"中付诸实施，该计划于1880年由詹尼（Jenney）所创。地方性传统在1937年由密斯所继承，他个人的语言与芝加哥正好相称。芝加哥精神最后的和最精彩的诠释是SOM设计的420米高的西尔斯大楼[36]。目前几乎没有哪个地方的建筑师那么留心顺应既有的环境，这种情况在世界急速变动的城市中已经司空见惯！以不同的方式诠释芝加哥是有可能的。诠释的抉择很显然要配合先驱者经济的、社会的、政治的和文化的意图。他们想将一种开放的、动态的世界具体地表达出来，因而选择了一个适当的空间系统。

不过这并不表示只要有必要实现相同的意图时，便可以运用芝加哥建筑作为例子。其他场所与"开放的"造塑有不同的关系，必须依照这种关系来处理。波士顿便是个有趣的例子。直到最近波士顿还是位于港口与查尔斯河间的半岛上，是由比较小的房子所形成的密集簇集[37]。建筑品质都非常高，环境由重要的地方性装饰主题而表现出特性。在最近十年间，部分的都市组织遭到抹杀，由到处耸立的"摩天大楼"取而代之。贝聿铭的约翰·汉考克大楼是此种发展的巅峰，该大楼完全摧毁了主要的都市焦点科普利广场的尺度[38]。结果今天的波士顿变成一座混合型都市，旧建筑物如笔架山（Beacon Hill）仍保存着，使得新建筑看起来荒谬和缺乏人性，而且新的结构对旧环境产生了破坏作用。不仅是尺度的问题，更因为完全缺乏建筑特性的缘故。因此场所失去了与大地和苍穹之间富有意义的关系。

我们所举的例子显示了经济、社会、政治和文化的意图必须以尊重场所精神的方式予以具现。若非如此，场所将失去其认同。在波士顿，场所精神长久以来一直为人所理解，不过目前都以与场所陌生的方式来加以介绍，剥夺了一种满足人类最基本的需求：有意义的环境。因此芝加哥具有吸收这类建筑物的能力，而波士顿则无。因此城市必须被视为独特的场所而非抽象的空间，任凭经济和政治力量随意地玩弄[39]。尊重场所精神并不表示抄袭旧的模式，而是意味着肯定场所的认同性并以新的方式加以诠释。唯有如此才能有一种活的传

316. 从前的那不勒斯街道。
317. 街道的"和谐"，位于艾恩贝克（Einbeck），德国。
318. 普里埃内的广场。

319.住宅。
320.桥。

统，利用变迁与在地方性中发现的公分母产生关联，使变迁变得有意义。我们想起了怀特海（Alfred North Whitehead）的名言："艺术的进步是在变迁中保存秩序，并在秩序中产生变迁。"[40]活的传统能符合生命的发展，因为它能满足这个要求。"自由"并不是任意地玩弄，而是具有创造性的参与。

在我们的涵构中，"创造性的参与"表示两种物：首先是私密性"内部"的实现，集结构成个人存在内涵的意义；具体表达了个体的认同；其次是公共性"外部"的创造，集结公共生活的组织，使生命所依赖的意义（价值观）明显地表达出来。就更狭义的字义而言，私密性领域即人类的家。家是个人化的，不过并不是孤立

的。个人的"立足点"意味着对一种共享的环境（共同的场所）的理解，因此必须如主题中的变异一样具体表达出来。主题是由内部与外部之间一种典型的空间关系以及某些地方性中的有意义的空间关系。例如在北欧国家，房子必须借包被给予人实质的保护，同时人又希望房子象征性地开放以接近大自然。因此我们发现了在室内使用自然材料的倾向[41]。在沙漠中，房子是以实际和象征的意义被包被起来；表现出一种与众不同的"天堂"世界，形成对外部的一种补充。在"古典的"地方，宜人的气候以及让人信赖的和可幻想的自然，使外部变成一种内部；私密性与公共性领域的边界正在消失，即使边界存在，也是使内部成为一种场所表象而不是家的塑造。

一般而言，私密性内部的概念在门槛或将内部由外部分离出来并与之结合的边界中很明显地表达出来。同时边界赋予公共性外部特殊的表现。因此康说："街道是获得共识的房间。街道是由每幢房子的主人对城市的奉献……"[42] 但公共性外部不只是个人的家的共识而已。共识的表现在公共性建筑中成为焦点，具体表达了使共同生活成为可能和有意义的共享情感。这些公共性建筑物应该是各个房屋主题的完美和明晰的变异。这就是希腊城镇的情况，公共性建筑在住所内部中使用较少，展现出有意义的造型（例如人神同形的样子），尤其是在中世纪的城镇，住宅、教堂和市政厅的外部都是表现生命整合造型的主题的变异。为了达到这种目的，公共性领域很显然必须有空间上的整合，散乱的组织是不可能形成任何真实的都市场所的。

321.喷泉。
322.大门。

323.果树。
324.窗。

325.柱。
326.高塔。

我们已介绍过"主题与变异"的概念，作为对常态与变迁问题的解答。这种概念并没有什么新发现，只是以更清楚的方式表达什么是对场所精神的尊重。主题是体现存在意义的一种象征形式，如此一来主题必须是因地制宜和一般性的，必须具体化地方性状况，并将其作为对于一般性共同意义的世界的一种特殊表现形式。

地方性和一般性的关系已以"浪漫式""宇宙式"和"古典式"环境探讨过。"浪漫式""宇宙式"和"古典式"模式掌握了特殊场所的主要特性，同时由于这些模式是可以理解的一般性范畴，因此注意力被转移到了某种意义上。这三种范畴涵盖了客观环境的特质以及人的态度，构成我们在世界存在的基础。帮助我们理解这些范畴与建筑主题之间的关系，不过必须重复一点，任何具体的情境所包含的元素都来自这些范畴。这些范畴之所以被介绍，是因为人的认同性是存在于一种特殊的相关性中的。

一旦人能够了解不同的地方，与人交谈，分享食物，交流情感，阅读文学作品，听音乐以及使用他们的场所，人们将会理解人与场所间的相

327.视觉的混乱，奥斯陆。

关性在整个历史中并没有什么重大的变迁[43]。更令人惊讶的是，人对地方性的态度没有什么改变，我们必须同意黑格尔的看法，他说人的这种态度决定了人在"历史上的场所"。因此我们可以再重复地说主要的存在内涵并非由变迁的经济、社会和政治条件所产生。存在内涵具有很深厚的根源，变迁的条件只要求不断地重新诠释而已。重要的问题是："在这种社会体制下如何保存意大利、苏俄或德国？"社会体制此起彼落，场所以一种特殊的人类认同继续存在。我们了解了这个事实，应该开始去关怀我们的场所，而不是用抽象的规划和无名氏建筑去对待场所[44]。因此我们可以脱离乌托邦，重返日常生活世界。

创造性的参与意味着在新的历史状况下具体化这些基本的意义。不过参与只能"利用庞大的劳工"而获得[45]。"门槛"是参与的象征，事实上是"痛苦地""重返碑石"。重复歌德的话："参与必须以对物的关怀为前提，而关怀又意味着折磨。在此脉络中，对物的关怀是学习如何去看。"我们必须要有能力去"看"在我们四周的物；不论是自然的或人为的。物总是告诉我们许多故事，叙说自己的形成，它们形成时的历史状况，如果它们是真正的物，也会透露出真理。物透露真理的能力在于它如何被完成。其次是学习如何去做。看和做经由灵感和具现结合在一起。因此康说："灵感是可行性的契机，是要做的事情与做它的方法相吻合的时刻。"[46]看和做构成了住所的基础。

创造性的参与所产生的结果构成了人存在的立足点，人类的文化。将人打算实现其存在的计划明显地表达出来。有些结果比其他的结果启迪

了现象中更广阔的范围，堪称"艺术作品"。在艺术作品中，人赞美着存在。在第九挽歌（Ninth Elegy）和给奥费斯的十四行诗中（Sonnets to Orpheus），里尔克将人的意象发展成一个赞美的歌手。我们记得他的质问："我们日常生活中所能接触到的东西也许可以说是房子、桥、喷泉、大门、壶、水果、树、窗，充其量是柱、塔……"，然后我们聆听他的回答："赞美我们世上的天使，而非不可言喻的世界：你无法以激动的心情感动它。在宇宙中它有非常强烈的感受，而你只不过是个新手而已。那么就表现一些简单的物，经由世世代代的成长，直到它成为我们的物，并生活在离我们的手和眼不远的地方。告诉人各种物，他将感到惊讶而伫立不动，正如你站在罗马制袍者或尼罗河制陶者的身旁时的情形一样。表现了物如何完全拥有自己的躯壳，成为一种物，或像一种物一般地逝去——而且是幸福地拉着提琴。同时这些物，只存在于刹那之间，理解了你对它们的赞美；瞬息无常的，它们面对着我们，极其瞬息无常地企求救援。它们希望我们完全将它们转换到我们不可见的心中，成为——噢，无穷尽的——成为我们！不论我们最后变成什么样子。"[47]

328.介于两个时代的空间。伊曼纽尔拱廊（Galleria Vittorio Emanuele），米兰，门戈尼（Mengoni）设计。
329.介于两个时代的特性。贝朗谢公寓（Castel Beranger），巴黎，吉玛德（Guimard）设计。
330.象征的贬值。法院（Palazzo di Giustizia），罗马，卡尔德里尼（Calderini）设计。

VIII、今日的场所
PLACE TODAY

1.场所的沦丧
The loss of place

　　第二次世界大战以后大多数的场所有很大的改变。传统以来人类聚落的特质已经瓦解得无可挽回和沦丧了。重建的或新的市镇看起来不再像是以往的市镇了。在我们思考这些根本上的改变之前，以结构的观点赋予其更精确的定义是有必要的。再度运用我们的空间概念和特性，搞清楚它们与自然或人为场所中更一般性的范畴。在空间上新的聚落并不再拥有包被性和密度，建筑物经常是在一个公园似的空间里自由地排列。传统意识里的街道与广场不复存在，一般是单元的任意组合。这意味着一种明确的图案与背景的关系不再存在；地景的连续性已遭破坏，建筑物不再形成簇群或群集。虽然一般性的秩序仍旧存在，尤其是从飞机上观看聚落时，不过这种秩序并无法让人有任何场所的感受。这种变迁对既有的市镇也产生类似的效果。都市纹理被"打开"，都市"墙"的连续性遭到破坏，都市空间的和谐遭受毁灭。结果，节点、路径和区域丧失了它们的认同性，市镇成为其假想的一个整体。传统都市结构沦丧的结果是，地景失去了它扩展的意义，而且被约简成由人为元素所形成的复合网状组织的部分。

　　目前环境的特性往往被认为是单调的，即使有什么多样性也经常是由于过去所留下来的元素使然。大部分新的建筑物都非常贫乏。常常使用帷幕墙，具有一种非实体的和抽象的特性，更可以说是缺乏特性。缺乏特性意味着贫乏。事实上现代环境很少能让人觉得古老建筑有迷人之处和新发现。想打破一般的单调时，大部分都需要恣意的幻想。

　　一般而言这种症候表示一种场所的沦丧。就一个自然的场所而言是聚落的沦丧，就共同生活的场所而言是都市焦点的沦丧。大部分的现代建筑都"不知置身何处"；与地景毫不相干，没有一种连贯性和都市整体感，在一种很难区分出上和下的数学化和科技化的空间中过着它们的生活。"不知何处"的感受同样发生在住所的室内。中性的和平坦的表面取代了以往明确的天花板，窗户被约简成一种标准的设计，使透过来的阳光和空气变得可以量度。在大部分的现代房间里询问"你的房子有什么样的阳光"是没有意义的，亦即："从早到晚，每天的，每季的，每年的阳光给房子带来气氛的什么变化？"[1]。一般而言所有的品质都沦丧了，可说是一种"环境的危机"。

现代的环境经常很难让人有方向感。林奇的研究很显然是由此缺憾出发的，他表示贫乏的想象力将导致情感上缺乏安全感和产生恐惧感[2]。不过缺乏认同感可能导致的结果是很少有人从事这方面的研究。从心理学的文献上我们晓得一般性的刺激穷困可能导致消极和智力衰退[3]。同时我们也可以推论人的认同性通常是在具有特性的结构下成长的[4]。因此环境的危机意味着人类的危机。环境的问题很显然必须以理智和效用去处理。依照我们的想法，环境的问题只能基于对场所概念的理解来解决，场所具体的和品质上的本质如果被忽视，"规划"将不会有什么助益。那么如何能让一种场所理论帮助我们解决实际的问题？在我们对此问题的解答提出建议之前，无论如何我们必须先说一些有关环境危机的原因。

矛盾的是，目前的情境是一种希望追求更好的人类环境。开放的"花园城市"提出了一种回应，对抗着19世纪欧洲城市非人性的生活状况，现代建筑即以追求更好的住所需求作为出发点[5]。柯布写道："人居住得奇差无比，这是我们当代动乱最深远而真实的原因。"[6]而在1925年巴黎的国际装饰艺术展览中（Exposition Internationale des Arts Décoratifs）柯

331.单调。莫斯科的新郊区。

332.视觉混乱，美国。

333.开放的城市。联邦中心，芝加哥，密斯。

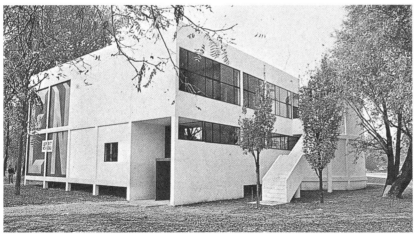

334. "绿色城市",柯布。

335. 新精神的别墅,柯布(1925),重建于博洛尼亚(Bologna),1977。

布展出了一幢原型住宅(prototype apartment),名之为新精神的别墅(pavillon de l'esprit nouveau)。为了展示现代的精神,他为一般人创造了一个住所。柯布的观点很清楚地在《走向新建筑》(*Vers une Architecture*;1923)中表现出来。他告诉我们,"我们实在太可怜了,生活在这么烂的房子里,糟蹋了我们的健康和心灵"[7]。因此新精神要超越仅是实质需求的满足。很显然这意味着一种新的生活方式必须使人再度"正常化",也就是让人遵循"人类生存的有机发展"[8]。现代运动的根源,依照柯布的定义,是希望帮助疏离的现代人重拾一个真实的和有意义的存在。为了达到这种理想,人需要"自由"与"认同性"。"自由"意味着从巴洛克及其后继者独裁的制度中挣脱出来,也就是一种选择与参与的新权利。"认同性"意味着引导人回到起源和本质。事实上现代运动所喊的口号Neue Sachlichkeit,应该翻译成"回归于物",而不是"新客观主义"。

第一代大师赖特的作品,从一开始便受具体的"渴望真实"的影响,11岁时他被送往威斯康星农庄"学习如何实实在在地工作"[9]。因此他对自然现象的学习并不是欧洲共通的抽象的观察与分析,而是对原型的与有意义的"力量"的体验。所以他说:"看熊熊的烈火在坚固的石造房子里燃烧令我感到舒服极了。"[10]于是他的设计都是绕着一个大烟囱发展,壁炉成为住所中的表现核心。他对自然材料的运用也表明了重返具体现象的期望,亦即,期望"更深一层的真实感"[11]。赖特也是第一位对"自由"的需求提出解答的人。从传统来看,人的住所一直是个体与家庭的庇护所。赖特想要同时表达扎根和自由,因而破坏了传统的盒子,利用引导和统一空间的连续的墙,创造了一种介于内部与外部之间新的诠释。因此内部的概念由庇护所变成空间中的定点,由此使人体认到自由与参与的新感受。大壁炉和垂直的烟囱使得这种效果更为显著。因此人不再像凡尔赛宫一样将自己置身于世界的中心点，而是发现中心有一种象征着自然的力量和秩序的元素。很显然其中仍有遗风残存，现代世界不应该忽视存在的基本意义。

自从赖特的作品集于1910年在欧洲出版以后，他的作品对欧洲的先驱者们产生了极大的影响。很显然欧洲人理解赖特已经界定了赋予人新的住所所必须采用的具体方法。在这种脉络下说明他的"民主建筑"想法是很重要的。在此之前建筑是由"上层阶级"所决定的，住所反映出来的有意义造型的发展是与教堂和皇宫相关的。相反的，现代建筑以住所为出发点，而且照柯布的说法，所有建筑物任务都可被视为住所的"延伸"[12]。因此传统上建筑物的任务秩序颠倒过来了。这表示建筑不再基于教条或权威，这些必须由日常生活中成长，是人对自然、其他的人或自己的理解的一种表现。因此"高层次的"建筑物的任务变成一种结果而不是一种条件，代表人在自己的生活中必须征服一些事物。因此新精神（esprit nouveau）必须使人从"系统"中解放出来，征服资产阶级社会特有的产物：思想与情感的分裂[13]。

然而为什么现代运动会导致场所的沦丧而不是复苏呢？就我们所理解的来看，主要的原因有两个，而且两者都暗示出对场所概念的理解不够。也都与"空间"和"特性"有关，正好与我们的思路相吻合。与危机有关的第一个原因是都市问题。场所的沦丧在都市层次上最先被察觉，而且正如我们所知，与确保聚落认同性的空间结构沦丧有关。现代聚落被视为一幢"膨胀的房子"，而不是一种都市

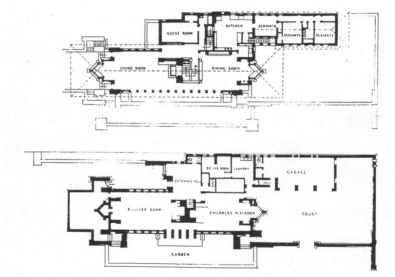

336.赖特：汉纳住宅（Hanna House），室内壁炉，加州。　337.赖特：罗比住宅（Robie House），平面。

场所，这种类型经由现代建筑物的先驱——赖特、柯布、密斯，发展而成。现代住宅的平面被界定成"开放的"，空间好像是一种"流动的"连续，很难分出外部与内部。这种空间对都市独户住宅可能非常适合（正如赖特的理想），不过就都市情况而言就很有问题。城市中的私密性与公共性领域明确的区分是必需的，空间是不可能自由地"流动"的。不过这个

问题鲜为先驱者所理解；柯布的都市住宅构成了真正的"内部"，而密斯则在1934年便提倡在城市中运用被包被的"内庭住宅"（court houses）[14]。当我们谈到现代聚落是一幢"膨胀的住宅"时，最好牢记市区和城市被视为庞大的开放平面这个事实。在20世纪20和30年代的都市计划案以及目前建造的许多邻里中都缺乏真正的都市"内部"；空间在与开放平面中的

338.赖特：罗比住宅，芝加哥。

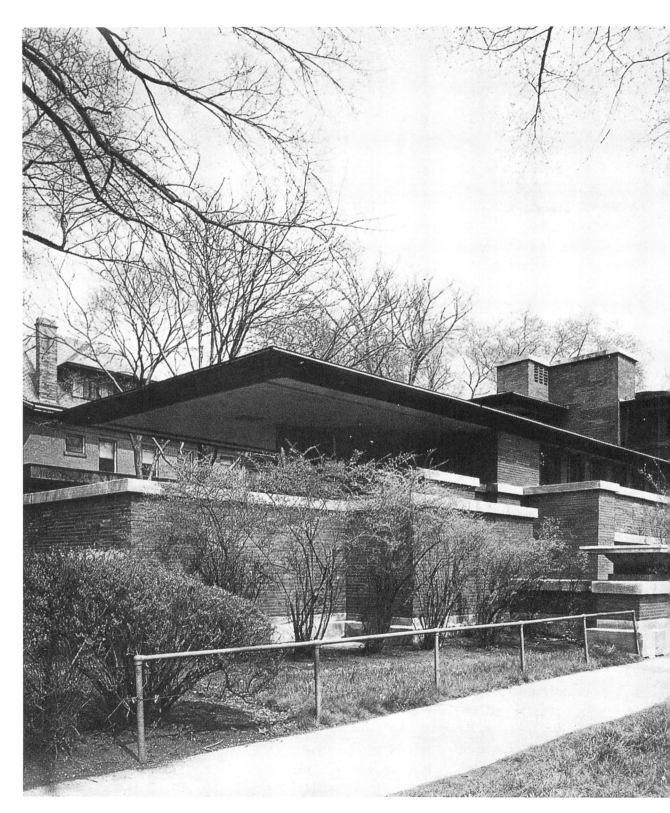

独立墙相雷同的平板式建筑间自由地流动，例如密斯的巴塞罗那德国馆的平面（1929）。因此就空间而言，现代城市是以尺度的混乱为基础的；一种在某种层次上能够成立的模式被盲目地转换到另一种层次上。之所以能对聚落的问题提出这种〝解答〞，是由于现代运动一开始时只以实质的观点理解〝环境〞的概念，亦即，仅仅对〝空气、阳光和绿地〞有需求[15]。

第二个原因是与国际样式有关[16]。在20世纪20年代主张现代建筑不应该是地方性或区域性的，而应该遵循一些放诸四海皆准的原则。在名为国际建筑的包豪斯专集中的第一册最能表现出这种特色。显然格罗皮乌斯反对世界性〝样式〞，不过仍拥抱国际主义的想法。因此他说：〝新建筑的造型基本上……并不同于旧有的，它们是……在我们当代智力的、社会的和科技的条件下所产生的必然的和逻辑的产物。〞[17]然而这并不表示现代建筑仅仅被视为一种实用的产品而已；同时也必须传达〝对人类心灵的审美满足〞[18]。这种满足应该以简单的、大量的造型取代〝装饰的混乱〞。结果诚如文丘里对它所作的中肯评语〝排斥性建筑〞。不过就绝对的感受而言，这并不表示欧洲先驱者的建筑物缺乏美感或没有特性。相反的，有些作品如柯布的萨伏耶别墅（1928—1931）和密斯的图根哈特住宅（Tugendhat 1930），的确都是旷世杰作，此令人信服的方式是具体实现了一种新的生活方式。虽然缺少了许多古老建筑的〝本质〞和表现，但是它们量体化的组合和结构的整合完全满足了现代人对自由与认同的需求。而且它们毫无疑问地重新征服了

本质的意义与方法，因而产生了一种新的物（Sachlichkeit），就该字真正的字义而言。不过当早期的现代主义禁欲的特性被转换到都市层面时，便产生了一些奇奇怪怪的事。造型上微妙的互动关系，（几乎）肯定了密斯〝少即是多〞的论调，最后变得贫乏、单调[19]。聚落的本质在于集结，而集结意味着不同意义的相互结合。排斥性建筑主要告诉我们现代世界是开放的，这种陈述在某种意义上是反都市的。开放性是无法加以集结的。开放性意味着分离，而集结则意味着回归。

无论如何，以现代运动发展中某些现象的缺失而责怪现代运动是不公平的。现代运动并不止于绿色城市和国际建筑的意象而已。早在1944年运动的发言人吉迪恩便提出对一种〝新纪念性〞的需求，他说：〝纪念性是人类最终的需求，是人类对自己的行为、命运或未来，对宗教与信仰和社会评断所创造的象征。〞[20]而且在1951年现代建筑国际会议（CIAM）讨论了城市核心（core of the city），亦即在现代聚落开放的组织中提出集结焦点的问题。我们再次引述吉迪恩的话：〝目前对核心的兴趣多少是普通的人性化过程；回归人性尺度与主张个人权利……〞[21]最后在1954年，吉迪恩写了一篇标题为《新地域主义的探讨》的论文，主张应该对〝生活方式〞给予新的重视，在设计一个计划案之前应以虔诚的心态去研究。〝新地域主义的刺激力量是对个体的尊重和渴望满足情感与物质两方面的需求〞[22]。因此我们晓得现代运动早在20～30年以前便预见了我们目前所面对的一些最严重的问题。那些抓着早期绿色城市意象不放

339.查尔斯河岸的贝克住宅（Baker House），阿尔托，波士顿。
340.玛利亚别墅（Villa Mairea），室内，阿尔托，位于诺尔马库（Noormarkku）。

的人，只堪称现代建筑的亚流，仅拾人牙慧而已。

2. 场所的重建
The recovery of place

现代运动的评论家经常以对环境的不满作为出发点，同时认为现代建筑没能解决这个问题。而且他们经常批评建筑师在处理业务时未能考虑他们的行为对社会及未知的"使用者"所产生的后果。因此社会心理学家洛伦泽（Alfred Lorenzer）写道："建筑师好像只是主宰一切权势里的工程助手，符合必然的机能主义者的理想。这些建筑师的心智奉献就是建筑。"[23]然而我们对街头的批评往往都太过认真，因而质问现代运动果真

在赋予人一个新住所上失败了吗？洛伦泽的说法似乎吓坏了那些曾经为现代建筑摇旗呐喊的人。要举出现代运动的宣传者充当主宰权势的"帮手"的例子是很容易的事；不过更具有意义的是他们之中有许多人为了他们的艺术信条必须离乡背井或从专业的生活中撤离。因此吉迪恩会说："建筑长久以来沦落成消极的关注和商业性专家，完全是遵照了顾客的需求。建筑已经有处理生活的勇气了……"[24]因此对于那些不了解现代运动的模仿者而言，洛伦泽的批评是正确的，不过这些批评很显然是因为对"机能主义"的概念未能充分理解所致。我们已经说明了现代运动的出发点是深具意义的，而其发展过程则表现出对环境问题的完全理解。基于这种理论最具建设性的批评是文丘里的名著《建筑中的复杂性与矛盾性》，宣称"兼容并蓄"（both—and）要比"非此即彼"（eithor—or）的思路来得好[25]。

就空间的特性而言，现代建筑第二个阶段的主要目标是赋予建筑物和场所以独特性。这意味着设计应该将地方性和建筑物的环境因素纳入考虑，而不是基于一般性的类型和法则。这种新的思路在第二次世界大战前很明显地表现在阿尔托的作品中。一般而言阿尔托企图使建筑的空间结构与周遭的空间相配合，因此重新介绍了不为早期机能主义所承认的地形的造型（topological forms）。在1939年纽约的万国博览会芬兰馆中便可看出他的思路是按顺序推演的（programmatic）方式，麻省理工学院学生宿舍（1947—1948）在设计中则令人信服地实现了。建筑物起伏的墙壁明确地表达了现代的"自由"理念，同时与空间状况相配合。阿尔托

也致力于使其建筑坦率地流露出地方特性。在玛利亚别墅（1983—1939）及珊纳特塞罗市政厅（Säynätsalo 1945—1952）的作品中，表达出强烈的芬兰场所精神[26]，玛利亚别墅事实上可以说是新"地域性"思路的首次宣言。因此现代建筑的发展再一次以住所为出发点。阿尔托的作品是极其"浪漫的"，而且具体说明了这种态度如何将现代建筑从早期欧洲现代主义"宇宙的"抽象概念中解放出来。因此阿尔托满足了赖特"渴望真实"的意图。柯布也同样感受到对真实的渴望，虽然他出身欧洲文化；与一般强调具体现象的美国"新世界"或像芬兰还保存许多盛行的传统和很"自然的"生活方式的国家，并没有直接的关系。因此柯布在赋予建筑物真实的展现和特性前需要很长的时间和"耐心地探索"（照他的说法）。马赛公寓（1947—1952）清楚地表现出一种新的可塑性力量。细长的独立柱（piloti）变得量感十足而且充满力量，抽象的外表被使建筑物成为一个雕塑体的遮阳板（brisesoleil）所取代。"一个新的，20世纪中期人们所严阵以待的意象展现于世"[27]终于被具体地表达出来。不过最大的转折点在朗香教堂（Ronchamp，1953—1955），在此全力地重返建筑的心理尺度。柯布自己说他要创造"一条非常全神贯注、静默沉思的船"[28]。事实上这幢建筑物变成一个有意义的真实中心和一个"集结力量"，诚如斯库利（Vincent Scully）以其敏锐直觉的理解所言[29]。柯布在早期也同样体认了都市聚落的集结本质，并指出一种"核心"观念，构成了社区圣迪耶教堂（St.Dié 1945）重要的布局。印度的迪昌加尔的国会大厦（1951—

341.朗香教堂，细部，柯布。
342.朗香教堂，室内细部，柯布。

343.朗香教堂，柯布。

1956）便是他在这方面探索的巅峰。

对于建筑的重建，即场所的创造，必须提及第三项具有决定性的贡献。在危机时代，当建筑师对建筑失去了自信与信心时，康的作品扮演了启示性的角色。康的名言表达了他的思路："建筑物意欲为何？"在计划中他以空间和特性的观点对此问题提出了解答。突然间某种事物又再度出现：开放的与封闭的空间，簇

344.罗切斯特唯一神教堂（Unitarianchurchin Rochester），纽约，康设计。
345.唯一神教堂室内。

346.理查德医药研究中心（Richards Medical Research Building），细部，费城，康设计。

群与群集，对称与不对称，节点与路径；尤其是如同室内与室外之间的门槛一般的墙。康的墙融合了过去与现代，因此他说："我想将废墟缠绕于建筑物四周。"[30]不过康的墙最主要是在吸收阳光——"所有外貌的赋予者"[31]。难怪斯库利会说："康给人的印象是不可磨灭的，正如赖特一般，建筑因而得以更新。"[32]而康给人的信息是什么呢？在许多言论中他以非常个人化和诗意的表现方式定义自己的观点，不过在仔细观察下则涌现出条理分明的建筑哲学。最重要的是康了解建筑必须以场所的观点视之。"房间"对他而言是一处具有特殊特性即心灵气氛（spiritualaura）的场所，"建筑物"则是"房间的社会"。街道是"房间的共识"，城市则是"一个场所的集合，对提升生活方式的感受给予关怀"[33]。场所的特性是由其空间的特性和它们吸收阳光的情形所决定的。因此他说："当阳光还未照射在建筑物的外表时，太阳并不晓得自己的奇妙"，而且"一间房间的元素中窗户是最神奇的"[34]。这种想法与海德格尔非常接近，他这样描述希腊的神殿："石头本身洋溢着的闪亮光辉全拜太阳所赐。白昼的阳光带来了光亮和蔚蓝的天空，夜晚则昏暗无光。"[35]康甚至理解了"付诸实现"的概念，因此他说场所"是得自灵感的科技而使之实现"[36]。事实上康的作品中特别重要的建筑概念是营建秩序（built order）。"造型并不仅是一种机能，而且是一种可理解的秩序；一种存在……"[37]在柯布晚期的作品中造型变得非常具有表现性，不过以雕塑的观点视之仍是可以理解的。相反的，康回到了"建筑物"本身，使得长久以来为人所淡忘的真实感受得以复苏。他的作品是真实的物，使我们体认了我们生存于天地之间。

柯布与康的共同点是古典的态度，他们都理解建筑是特性的一种具体化，同时有人类的和自然的特性，而他们的建筑物赋予这些特性以实质上的表现。虽然康的作品根植于具体的表象，但是仍有某种"形式主义"的趋势。空间的配置由其自己的生活开始，明晰性的功能变成表达对称性而非"阳光"。然而营建的实质内容能有效地消除这种危险。

第三代现代建筑师以各种方式对先驱者的意图作承先启后的工作[38]。

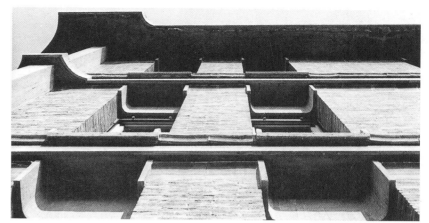

347. 建筑成为"表现"。ENPAS大楼，卢卡，普托吉斯设计。
348. 特性与适应性。位于梅达广场（Piazza Mada）的大楼，米兰，BBPR设计。

近二十年来，一连串有意义的作品为重建场所提供了更有力的保证。然而这并不意味目前的局势已明朗化，现代建筑的发展有许多可能性的选择，而且对物的理解经常是倾向于形式上而非存在上的感受。因此在北欧国家阿尔托这种"浪漫式"思路很容易变质为一种肤浅的情感，玩弄着反古典的造型。事实上这种趋势在瑞典尤其明显，与自然密切的关系已被约简成

195

349.风土的特性。狄波利（Dipoli）学生中心，奥塔涅米（Otaniemi），芬兰，皮耶蒂莱（Reima Pietilä）。
350.风土的适应性。海滨牧场（Sea Ranch），加州，瓜拉拉（Gualala），MLTW。

遗漏了地方状况将变得贫瘠不堪。另一种特性的危险是视特性为空洞的"修辞的"姿态。在美国这种趋势一直很强烈。建筑已成为表现公司和机构权势的一种手段。现代"历史定论主义"的结果，使那些原本被创造出来赋予人一种自由与认同性感受所产生的造型，被约简成口头禅。因此19世纪的历史定论主义还必须给人一个"文化托词"，而现代的历史定论主义则志在证明它是"合乎潮流"的[40]。

然而对于真实的情境我们到哪里去寻找一种创造性的诠释呢？到哪里去寻找一个能避免上述危险的建筑，同时又对如何解决环境危机做出真正的贡献呢？第一位以简洁而人性的方式面对此问题的是伍重（Dane Jörn Utzon），吉迪恩一眼就看出他是现代建筑新阶级的主角[41]。在金戈（Kingo 1956）、毕尔可荷（Birkehöj 1960）和弗莱登斯堡（Fredensborg 1962）这些住宅的设计中，伍重创造了统一的聚落，具有与地景相关的图案特性，并有一股强烈的场所感觉，成为有意义的、社会的"内部"。而且这些聚落有一种坦率的地方特性，并恢复了丹麦讲究亲密性的传统价值观。在悉尼歌剧院（1957）和苏黎世剧院（1964）的计划案中，伍重证明了他对不同的环境特性具有创造性的适应能力。他的作品大多是"营建的"，具有真实的"物"的品质。关于与伍重的住宅计划案有关的事，我们会很自然提到由瑞士建筑师团队《五号工作坊》（Atelier 5）（1961）在靠近伯恩（Berne）开发的哈雷恩住宅（Siedlung Halen）。在此我们也发现了一种强烈的图案特性，以及一种最令人信服的场所认同性。哈雷恩的住宅开发展现了在高密度聚落中维持地

一种乡愁。相反的在古典的南方，错误"秩序"是最具体的真实，这种危险是最具代表性的。法西斯时代的建筑便基于这种错误，而又再次出现于罗西（Aldo Rossi）及其伙伴的抽象作品中，"在超现实的超时间性中冻结"[39]。罗西称其建筑是"理性的"，如果这表示完全忽略活生生的特性的话，倒是很合适的称呼。罗西的"类型学"是很重要的，然而如果

景的整体性，甚至在土地狭小的国家也是可行的。

第三代的作品以非常有趣的方法处理场所问题和地方特性，如皮耶蒂莱在奥塔涅米所盖的芬兰学生联合大楼（1966–1967）。皮耶蒂莱以"狄波利"表现"人对森林的梦想"[42]。为了达到此目的他使用了一种新的类型空间，形象化芬兰的地景结构，在材料的选择和造型上赋予意图最令人信服的表现。大体而言，狄波利表现了建筑浪漫式思路的最高境界，然而这绝不可能是一个足以在各地被模仿的模式。不过皮耶蒂莱的思路倒是放诸四海皆可行的，我们急切想知道另一些能因环境不同而有不同解决之道的类比。这种作品的确存在；例如斯特林（James Stirling）金属玻璃的建筑是非常英国式的，而且似乎具体化了"人对工厂的梦想"。在MLTW（摩尔，林顿，特恩布尔，威塔克（Moore Lyndon，Thurnbull，Whitaker））的住宅中，我们发现美国的精神有一种崭新而令人信服的具现。四位建筑师以这些话定义他们的思路："伴随着人类行为的梦想，必须靠人的生活场所来滋养。"[43]就此脉络而言我们举出一件更特殊的作品，波菲尔（Ricaodo Bofill）在加泰罗尼亚地区（Catalonia）和法国边界的金字塔纪念性建筑。周边高耸的山形被人为的几何形所"集结"和浓缩，因此冠状的神殿令人忆起了加泰罗尼亚在历史上决定性的时刻。对一般性、地方性和暂时性的因素，创造了最令人信服的综合。

我们对阿尔托、康、晚期的柯布，以及一些杰出的第三代建筑师的意图进行了简要的审视，发现了解决环境危机的方式。这些方式是已经证

351.位于拉珀斯（La Perthus）的金字塔纪念堂，加泰罗尼亚，波菲尔设计。

实而且是最令人信服的方式，表现了我们如何创造场所以满足复杂而矛盾的现代生活。虽然这些实例仍很零散，在数量上也不成气候，但是由于一般的社会惰性和既得利益的影响，在还能继续"销售"之前他们是不会接受改革的。当然也有一部分的原因是对环境的问题缺乏理解。我们深信唯有以场所的理论为基础才有办法理解。对这种理论发展有特殊而重要贡献的有我们提过的林奇和文丘里的著作。场所的理论不仅整合了不同的贡献，提供了人与其环境之间的关系，同时也表现出现代建筑的方向与目标：建筑系场所的重建。因此吉迪恩所称的"新传统"变得意义非凡。而且场所的概念结合了现代建筑与过去。"在20世纪中社区有一种新的需求。人类的生活不受其一生所局限又变得很明显了"[44]。

当我们由此观点理解建筑时，会对我们所要做的事有所理解并有一个方向。这个方向并非由政治、科学所发的口令，而是存在并深植于日常生活的世界里。使我们能从抽象和疏离中解放出来，带领我们重返于"物"。不过理论并不足以达成目的，还需要进一步培养我们的感觉和想象力。吉迪恩也了解这点，他在《建筑，你和我》一书中以"想象力的需求"这一章来作总结[45]。目前我们所受的教育主要还是虚假的分析思考和所谓的"事实"的知识。人的生命将变得没有意义，尤其当我们渐渐了解了人若不能"诗情画意地居住"时，所有的"长处"都不足道矣。"透过艺术进行教育"比以往更为需要了；而艺术作品尤其应该被视为我们的教育基础，而且艺术作品正是赋予我们认同性的场所。只有理解我们的场所才能创造性地参与历史与做出贡献。

注释

Ⅰ PLACE?

1. R. M. Rilke, *The Duino Elegies*, 1X Elegy. New York 1972. （first German edition 1922.）
2. The concept "everyday life-world" was introduced by Husserl *in The Crisis of European Sciences and Transcendental Phenomenology,* 1936.
3. Heidegger, *Baben Wohnen Denken*；Bollnow, *Mensch und Raum*；Merleau-Ponty, *Phenomenology of Perception*；Bachelard, *Poetics of Space*, also L. Kruse, *Räumliche Umwelt*, Berlin 1974.
4. Heidegger：Language, in *Poetry, Language, Throught*, edited by Albert Hofstadter. New York 1971.
5. *Ein Winterabend*
   Wenn der Schnee ans Fenster fällt,
   Lang die Abendglocke läutet,
   Vielen ist der Tisch bereitet
   Und das Haus ist wohlbestellt.
   Mancher auf der Wanderschaft
   Kommt ans Tor auf dunklen Pfaden.
   Golden blüht der Baum der Gnaden
   Aus der Erde kühlem Saft.
   Wanderer tritt still herein；
   Schmerz versteinerte die Schwelle.
   Da erglänzt in reiner Helle
   Auf dem Tische Brot und Wein.
6. Heidegger：op. cit. p. 199.
7. op. cit. p. 204. *Saggi e discorsi*, Milano, Mursia 1976, p. 125.
8. C. Norberg-Schulz, *Intentions in Architecture*, Oslo and London 1963. Chapter on "Symbolization".
9. See for instance J. Appleton, *The Experience of Landscape*. London 1975.
10. Heidegger, op. cit. p. 149.
11. op. cir. pp. 97, 99.
12. Heidegger, *Hebel der Hausfreund*. Pfullingen 1957, p. 13.
13. op. cit. p. 13.
14. Heidegger, *Poetry. . .* pp. 181-182.
15. Norberg - Schulz, *Existence, Space and Architecture,* London and New York 1971, where the concept "existential space" is used.
16. Heidegger points out the relationship between the words *gegen* （against, opposite） and *Gegend* (environment, locality）.
17. This has been done by some writers such as K. Graf von Dürckheim, E. Straus and O. F. Bollnow.
18. We may compare with Alberti's distinction between "beauty" and "ornament".
19. Norberg-Schulz, *Existence. . .* pp. 12ff.
20. S. Giedion, *The Eternal Present: The Beginnings of Architecture*. London 1964.
21. K. Lynch, *The Image of the City*. Cambridge, Mass. 1960.
22. P. Portoghesi, *Le inibizioni dell' architettura moderna*. Bari 1975, pp. 88ff.
23. Heidegger, op. cit. p. 154.
24. Norberg-Schulz, op. cit. p. 18.
25. Heidegger, op, cit. p. 154. "Presence is the old word for being".
26. O. F. Bollnow, *Das Wesen der Stimmungen*. Frankfurt a. M. 1956.
27. R. Venturi, *Complexity and Contradiction in Architecture*. New York 1967, p. 88.
28. Venturi, op. cit. p. 89.
29. Heidegger, Die Frage nach der Technik, in *Vorträge und Aufsätze*, Pfullingen 1954, p. 12.
30. Norberg-Schulz, op. cir. p. 27.
31. op. cit. p. 32.
32. D. Frey, *Grundlegung zu einer vergleichenden Kunstwissenschaft*. Vienna and Innsbruck 1949.
33. Norberg-Schulz, *Intentions. . .*
34. Heidegger, *Poetry. . .* p. 152.
35. W. J. Richardson, *Heidegger. Through Phenomenology to Thought*. The Hague 1974, p. 585.
36. For the concept of "capacity" see NorbergSchulz, *Intentions. . .*
37. Venturi, op. cit.
38. *Paulys Realencyclopedie der Classischen Altertumswissenschaft*. VII, 1, col. 1155ff.
39. Norberg-Schulz, *Meaning in Western Architecture*, London and New York 1975, pp. 10ff.
40. Goethe, *Italienische Reise*, 8. October 1786.
41. L. Durrell, *Spirit of Place*. London 1969, p. 156.
42. See M. M. Webber, *Explorations into Urban Structure*. Philadelphia 1963, who talks about "non-place urban realm".
43. Cf. Norberg-Schulz, *Intentions...* where the concepts "cognitive orientation" and "cathectic orientation" are used.
44. Lynch, op. cit. p. 4.
45. op. cit. p. 7.
46. op. cit. p. 125.
47. op. cit. p. 9.
48. For a detailed discussion, see Norberg-Schutz, *Existence. . .*
49. A. Rapoport, *Australian Aborigines and the Definition of Place*, in P. Oliver （ed.）, *Shelter, Sign & Symbol*. London 1975.
50. Seltsam, im Nebel zu wandern! Einsam ist jeder Busch und Stein, Kein Baum sieht den andern, jeder ist allein. . .
51. Bollnow, *Stimmungen*, p. 39.
52. Norberg-Schulz, *Intentions*, pp. 41ff.
53. Heidegger, *Poetry. . .* p. 181. "We are the be-thinged", the conditioned ones.
54. Heidegger, Building Dwelling Thinking, in *Poetry. . .* pp. 146ff.
55. op. cit. p. 147.
56. Norberg-Schulz, *Intentions. . .* pp. 61ff., 68.
57. op. cit. pp. 168ff.
58. Heidegger, op. cit. p. 218.
59. S. Langer, *Feeling and Form*. New York 1953.
60. Gen. 4. 12.

Ⅱ NATURAL PLACE

1. The phenomenology of myths has still to be written.
2. H. and H. A. Frankfort, J. A. Wilson, T. Jacobsen, *Before Philosophy*. Harmondsworth 1949, p. 12. Also Norberg-Schulz, *Meaning in Western Architecture*, p. 428.
3. See Husserl, *The Crisis of European Sciences. . .*
4. Compare the development of "thing constancy" in the child. Norberg-Schulz, *Intentions. . .* pp. 43ff.
5. M. Eliade, *Patterns in Comparative*

Religion. Cleveland and New York 1963, p. 239.

6. Eliade, op. cit. p. 100.
7. K. Clark, *Landscape into Art*. London 1949, passim.
8. Eliade, op. cit. p. 269.
9. G. Bachelard, *The Poetics of Space*. New York 1964, p. 185.
10. Eliade, op. cit. p. 188.
11. op. cit. p. 269.
12. op. cit. p. 369.
13. Frankfort, op. cit. pp. 45, 51.
14. Ptahhotep, quoted after Frankfort, op. cit. p. 53.
15. Frankfort, op. cit. p. 54.
16. J. Trier, Irminsul, in *Westfälische Forschungen*, IV, 1941.
17. W. Müller, *Die heilige Stadt*. Stuttgart 1961, p. 16.
18. L. Curtius, *Die antike Kunst* II, 1. Die klassische Kunst Griechenlands. Potsdam 1938, pp. 15, 19.
19. V. Scully, *The Earth, the Temple and the Gods*. New Haven 1962, p. 9.
20. Scully, op. cit. p. 45.
21. O. Demus, *Byzantine Mosaic Decoration*. London 1948, p. 35.
22. Paradiso 31. 22.
23. Clark, op. cit. p. 16.
24. W. Hellpach, *Geopsyche*. Stuttgart 1965 (1911).
25. It also gave rise to typical musical compositions such as *The Seasons* by Haydn.
26. The categories answer the questions, "What", "Where", "How", and "When".
27. Hellpach, op. cit. p. 192.
28. A. Sestini, *Ilpaesaggio*. Milano 1963, p. 92.
29. J. Gottmann, *A Geography of Europe*. London 1951, p. 265.
30. Finnish art is determined by these natural characters, as is particularly evident in the music of Sibelius.
31. Seen from the sea, the land in fact appears as a figure.
32. We can here only furnish a few indications.
33. In general it is necessary to consider the interaction of vegetation and

34. Hellpach, op. cit. pp. 171ff.
35. Frankfort, op. cit. p. 47.
36. The silhouette is in fact of decisive importance in romantic landscape painting.
37. See J. Clay, *L'impressionisme*. Paris 1971, pp. 134ff.
38. With the exception of Venetian painting.
39. Norberg-Schulz, *Existence...* p. 21.
40. Cf. St. Francis' *Cantico delle creature*.
41. The seven traditional types of Japanese landscape are thus based on "strong" configurations of hills, plains, vegetation and water. See T. Haguchi, *The Visual and Spatial Structure of Landscape*. Tokyo 1975.
42. They also reappear in more recent literature, such as Ibsen's Peer Gynt.
43. It also implies an experience of the changing seasons.
44. For a most sensitive description of the character of the desert, see A. de St. Exupéry: *Citadelle*.
45. As for instance in Italian.
46. S. H. Nasr, *Sufi Essays*. London 1972, p. 51.
47. Nasr, op. cit. p. 88f., who refers to the Islamic image of the sky as the Divine throne (al-, arsh).
48. "Oasis" is an Egyptian word which means "dwelling place".
49. In the desert things as "destroyed" by light, in the North they become mysteriously luminous.
50. Curtius, op. cit. p. 15.
51. "Veduta" means something seen or looked at.
52. Rilke, IX Elegy.

III MAN-MADE PLACE

1. The existential dimension of the man-made environment was intuited in the past, but is today reduced to the more superficial concept of "function".
2. Norberg-Schulz, *Intentions...*, p. 125.
3. G. von Kaschnitz-Weinberg, *Die eurasischen Grundlagen der antiken Kunst*. Frankfurt a. M. 1961.
4. This relationship is directly evident in the

walls of Alatri in Latium.
5. Norberg-Schulz, *Meaning...*, chapter I.
6. G. von Kaschnitz-Weinberg, *Die mittelmeerischen Grundlagen der antiken Kunst*. Frankfurt a. M. 1944.
7. E. Baldwin Smith, *Egyptian Architecture as Cultural Expression*. New York and London 1938, p. 249.
8. Clark, op. cit. p. 10.
9. Kaschnitz-Weinberg, *Die mittelmeerischen...*, p. 55.
10. Trier, Irminsul. *Westfälische Forschungen*, IV, 1941. Trier, First. *Nachrichten von der Gesellschaft der Wissenschaften zu Göttingen*, phil.-hist. Klasse IV, NF III. 4, 1940.
11. Thus Jaspers says, "In itself every existence appears round". K. Jaspers, *Von der Wahrheit*. München 1947, p. 50.
12. W. Müller, *Die heilige Stadt*. passim.
13. Müller, op. cit.
14. See chapter II of the present book.
15. Norberg-Schultz, *Meaning...* chapter II, passim.
16. As an example we may mention the architecture of Juvarra. See Norberg-Schulz, *Late Baroque and Rococo Architecture*. New York 1974.
17. Norberg-Schulz, *Meaning...*, p. 222.
18. D. Frey, *Grundlegung...*, p. 7.
19. The suburban dwelling also belongs to the category of "vernacular architecture".
20. Scully, *The Earth...*, p. 171.
21. Norberg-Schulz, *Meaning...*, pp. 77ff.
22. G. Nitschke, SHIME. *Architectural Design*, december 1974.
23. Nitschke, op. cit. p. 756.
24. Trier, First. pp. 86, 89.
25. R. J. C. Atkinson, *Stonehenge*. Harmondsworth 1960, pp. 22, 23, 56ff.
26. Portoghesi, *Le inibizioni...*
27. Norberg-Schulz, *On the Search for Lost Architecture*. Rome 1976, p. 40.
28. Le Corbusier, *Vers une Architecture*. Paris 1923.
29. Meitzen, *Siedlung und Agrarwesen der Westgermanen und Ostgermanen*.

Berlin 1895.

30. As such it served the "open" space of American settlements.
31. See S. Bianca, *Architektur und Lebensform im islamischen Stadtwesen*. Zürich 1975.
32. Norberg-Schulz, *Late Baroque and Rococo Architecture*.
33. Venturi, *Complexity. . .* , p. 88.
34. Trier, First.
35. op. cit. pp. 22ff.
36. Heidegger, *Poetry. . .* , pp. 36, 45, 74.
37. In general see Scully, *The Earth, the Temple and the Gods*.
38. F. L. Wright, *The Natural House*. New York 1954, passim.
39. For a theory of building-tasks see NorbergSchulz, *Intentions*, p. 151.
40. The names thus reflect our "image" of the city in terms of squares, streets and districts.
41. Cf. von Kaschnitz-Weinberg, *Die eurasischen Grundlagen. . .*
42. *Organhaft* should not be confused with "organic".
43. Romantic space, on the contrary, always "leads somewhere".
44. Bianca, op. cit.
45. Thus Vergil said: "When you comply with the gods, you are master".
46. We say "forms the basis for", because its identity is incomplete without a defined character.
47. See H. P. L' Orange, *Art Forms and Civic Life in the Late Roman Empire*. Princeton 1965.
48. Norberg-Schulz, *Meaning. . .* , pp. 250ff.
49. Le Corbusier, *Vers une Architecture*, English edition, London 1927, p. 31.
50. E. Panofsky, *Gothic Architecture and Scolasticism*. Latrobe 1951.
51. Norberg-Schulz, *Baroque Architecture*. New York 1971.
52. The Belvedere in Vienna stresses the romantic component, whereas the lay-out of Versailles is mainly of cosmic derivation.
53. Heidegger, *Die Kunsl und der Raum*. St. Gallen 1969, pp. 9ff.

IV PRAGUE

1. F. Kafka, Letter to Oskar Pollak 1902.
2. G. Meyrink, *Der Golem*. München 1969. Chapter"Spuk", pp. 121ff.
3. Menschen, die über dunkle Brücken gehn,
vorüber an Heiligen
mit matten Lichtlein.
Wolken, die über grauen Himmel ziehn
vorüber an Kirchen
mit verdämmernden Türmen.
Einer, der an der Quaderbrüstullg lehnt
und in das Abendwasser schaut,
die Hände auf alten Steinen.
4. The word"cubist"is used in Prague to denote a particular local variant of early modern architecture, such as the work of Josef Gočřr and Josef Chochol.
5. Only after the second World War the geographical and linguistic borders correspond.
6. The New Town had its own administration.
7. G. Fehr, *Benedikt Ried*. München 1961.
8. Norberg-Schulz, *Kilian Ignaz Dientzenhofer e il barocco boemo*. Rome 1968.
9. Goethe, Diary, 22. July 1806.
10. D. Libal, *Alte Städte in der Tschechoslowakei*. Prague 1971.
11. Norberg-Schulz, op. cit. pp. 85ff.
12. The project is probably by Kilian Ignaz Dientzenhofer, the execution by Anselm Lurago.
13. K. M. Swoboda. *Peter Parler*. Wien 1940.
14. Fehr, op. cit.
15. Norberg - Schulz, op. cit.
16. Norberg-Schulz, op. cit.
17. The same is the case in the Powder Tower.
18. Cf. Norberg-Schulz, *Meaning...*, p. 222.
19. Norberg-Schulz, Borrominieil barocco boemo, *in Studi sul Borromini*. Rome 1967. Norberg Schulz, Lo spazio nell' architettura post - guariniana, in *Guarino Guarinie I' internazionalità del barocco*, Turin 1970.
20. E. Bachmann, Architektur, *in Barock in Böhmen* (ed. K. M. Swoboda), München 1964.
21. See Norberg-Schulz, *Kilian Ignaz Dientzenhofer. . .*
22. As in the works of Jan Kristofori.
23. G. Janouch, *Gespräche mit Kafka*. Frankfurta. M. 1951, p. 42.

V KHARTOUM

1. The Nile valley proper starts further to the north, at Sabaloka.
2. A first extension stems from 1912.
3. Cf. A. de St. Exupéry, *Citadelle*.
4. Bianca, *Architektur und Lebensform*.
5. *Living on the edge of the Sahara*, (Kasba 64 Study Group). The Hague 1973.
6. The colonnaded streets of Antiquity were usually transformed (built up) when they became Islamic. See Bianca: op. cit. P. 45.
7. Compare the desert settlements of the ancient Romans.
8. The early settlement at Soba on the Bluc Nile only was of local importance.
9. By MEFIT S. p. A. , Rome.

VI ROME

1. E. Guidoni, Il significato urbanistico di Roma tra antichità e medioevo, in *Palladio XXII,n. I - IV*, 1972.
2. G. Kaschnitz von Weinberg, *Mittelmeerische Kunst*. Berlin 1965. H. Kähler, *Wandlungen der antiken Form*. München 1949.
3. H. P. L' Orange, *Romersk idyll*. Oslo 1952. A good general introduction to the character of Rome is offered by L. Quaroni, *Immagine di Roma*. Bari 1969.
4. L' Orange, op. cit. p. 17.
5. op. cit. P. 36.
6. op. cit. P. 8.
7. G. Lugli, Il foro romano e il palatino. Roma 1971, p. 102. Also J. Rykwert, *The Idea of a Town*. London 1976, p. 114.
8. Portoghesi, *Le inibizioni. . .* , p. 46ff.

9. Strangely enough, the Alban Hills have not yet been subject to a monographical study.

10. H. Kähler, Das Fortunaheiligtum von Palestrina Praeneste, in *Annales Universitatis Saraviensis*, vol. VII, no. 3-4, Saarbrücken 1958.

11. For the original topography of Rome see Muratori, R. Bollati, S. Bollati, G. Marinucci, *Studi per una operante storia urbana di Roma*, Roma 1963.

12. Guidoni, op. cit.

13. Guidoni, op. cit. p. 6. It is significant to notice that Nero built his palace where the Colosseo now stands, expressing thus the wish for"take possession" of the city.

14. Guidoni, op. cit. pp. 10ff. Guidoni points out that the churches of St. Peter and St. Paul were built far away from the places of their martyrdom to make the symbolic cross possible.

15. See S. Giedion, *Space, Time and Architecture,* Cambridge, Mass, 1967, pp. 82ff.

16. Norberg-Schulz, *Meaning...*, p. 270.

17. Norberg-Schulz, *Baroque Architecture*.

18. Vergil, *Aeneid* VIII, 327-58.

19. Portoghesi, *Le inibizioni...*, pp. 44ff.

20. A. Boethius. *The Golden House of Nero*. Ann Arbor 1960, pp. 129ff.

21. Norberg-Schulz, *Meaning...*, pp. 119ff.

22. Borromini's Re Magi Chapel represents an exception.

23. Kaschnitz von Weinberg, *Mittelmeerischen Kunst*, p. 513.

24. *The Odes of Horace*. Book I, IX.

25. Cf. Rykwert, op. cit.

26. We may in this context also remember the symmetrical *velarium* which was used to protect the spectators from the sun.

27. P. L. Nervi, *New Structures*. London 1963.

VII PLACE

1. We may in this context remind of concept such as"form"and"contept".

2. Norberg-Schulz. *Intentions...* p. 43.

3. J. Piaget, *The Child's Construction of Reality*. London 1955, pp. 88ff., pp. 209ff., pp. 350ff.

4. J. Piaget, *The Child's Conception of the World*. London 1929. p. 169.

5. Hellpach, *Geopsyche*.

6. G. W. F. Hegel, *Vorlesungen über die Philsophie der Geschichte*. Chapter on "Geographische Grundlagen der Weltgeschichte".

7. J. G. Herder. *Ideen zur Philosophie der Geschichte der Menschheit*. 7. Buch, III.

8. A. Toynbee. *A Study of History*.

9. It is doubtful, however, whether Marx himself intended the one-sided approach of later Marxism. In his Economic and Philosophical Manuscripts from 1844 he understands man as an "artist" and as a "suffering being, and since he feels his suffering, a passionate being". See Marx, Early Writings, translated and edited by T. B. Bottomore. London 1963, pp. 206, 208.

10. Marx was the first to point out this danger in his *Economic and Philosophical Manuscripts*, ("Warenfetischismus").

11. Heidegger, *Poetry...*, pp. 172ff.

12. Norberg-Schulz, *Intentions...*, p. 74.

13. Cf. the Roman displacement of Egyptian obelisks etc., and the more recent importation of European works of art to the United States.

14. If they did, the place, the work of art etc. would become a mere ideological illustration.

15. Heidegger, pp. 149ff., op. cit.

16. Heidegger, op. cit. p. 151.

17. A. Rapoport, *House Form and Culture*, Englewood Cliffs 1969, turns these facts upside down maintaining that the buildings of "the grand design tradition" are unusual and are built to "impress the populace"!

18. Heidegger, *Die Kunst und der Raum*, p. 13.

19. Heidegger, *Poetry...*, p. 43.

20. Heidegger, op. cit. p. 204.

21. Thus the Egyptians only built pyramids in the North. In the South, at Luxor-Thebes, they used the mountain itself.

22. The only large-scale exception is the desert, whose "cosmic" character in fact depends on the lack of particular directions. It is "isolated" and simultaneously "infinite".

23. See J. M. Houston, *A Social Geography of Europe*. London 1963. Chapter 8, pp. 157ff.

24. G. Bugge, C. Norberg-Schulz, *Early Wooden Architecture in Norway*. Oslo 1968.

25. In Italian the disposition is called "schema tentacolare".

26. For instance in the *Vierkanthof* or *Rundling*.

27. Heidegger, *Die Kunst und der Raum*, p. 11. My italics and quotation marks.

28. Giedion, *architecture you and me*. Cambridge, Mass. 1958, pp. 130ff.

29. Norberg-Schulz, Architekturornament, in *Ornament ohne Ornament* (m. Buchmann ed.), Zürich 1965.

30. Norberg-Schulz, *Intentions...* chapter on "Form".

31. Cf. the concept "strong Gestalt".

32. For variations on the *palazzo* and *hôtel* themes, see Norberg-Schulz, *Baroque Architecture*.

33. Norberg-Schulz, *Existence...*, p. 35. For a general discussion of alienation see R. Schacht, *Alienation*. New York 1970.

34. We ought to emphasize again that the atmosphere to a high extent depends on the conditions of *light*.

35. S. Kostof, *The Third Rome*. Berkeley 1973.

36. Designers Fazlur Kahn and Bruce Graham.

37. See *Boston Architecture* (D. Freeman ed.). Cambridge, Mass. 1970.

38. W. M. Whitehill, *Boston, a topographical History*. Boston 1968.

39. This has also been forgotten in a city such as Moscow.

40. A. N. Whitehead, *Process and Reality*. New York 1929, p. 515.

41. For instance in the works of Frank Lloyd Wright and in Scandinavian architecture.

42. L. Kahn, "Credo", in *Architectural Design*, 5/1974, p. 280.

43. Already Vitruvius wrote: "Southern peoples have the keenest wits, but lack valour, northern peoples have great courage but are slow-witted". VI, i, ii.

44. Cf. Karl Popper: *The Powerty of Historicism*. London 1961, pp. 64ff.

45. Giedion, *Constancy, Change and Architecture*. Harvard Univ. 1961.

46. Kahn, op. cit. p. 281.

47. Rilke, IX Elegy.
Preise dem Engel die Welt, nicht die unsägliche, *ihm kannst du nicht grosstun mit herrlich Erfühltem;* in Weltall wo er fühlender fühlt, bist du ein euling. Drum zeig ihm das Einfache, das, von Geschlecht zu Geschlechtern gestaltet, als ein unsriges lebt, neben der Hand und im Blick.
Sag ihm die Dinge. Er wird staunender stehn; wie du standest bei dem Seiler in Rom, oder beim Töpfer am Nil.
Zeig ihm, wie glücklich ein Ding sein kann, wie schuldlos und unser, wie selbst das klagende Leid rein zu Gestalt sich entschliesst, dient als ein Ding, oder stirbt in ein Ding -, und jenseits selig der Geige entgeht. - Und diese, von Hingang lebenden Dinge verstehn, dass du sie rühmest; vergänglich, traun sie ein Rettendes uns, den Vergänglichsten zu.
Wollen, wir sollen sie ganz im unsichtbarn Herzen verwandeln in - o unendlich - in uns! Wer wir am Ende auch seien.

VIII PLACE TODAY

1. Kahn, *Credo*, p. 280.

2. Lynch, "The Image. . . ", pp. 4-5.

3. A. Rapoport, R. E. Kantor, "Complexity and Ambiguity in Environmental Design", in *American Institute of Planners Journal*, July 1967.

4. See Chapter I of the present book.

5. Norberg-Schulz, "The Dwelling and the Modern Movement", in *LOTUS International*, no. 9, Milan 1975.

6. Le Corbusier, *La maison des hommes*. Paris 1942, p. 5.

7. Le Corbusier, *Vers une Architecture*, English edition, pp. 17ff.

8. Le Corbusier, *Vers. . .* , p. 268.

9. F. L. Wright, *The Natural House*, p. 15.

10. Wright, op. cit. p. 37.

11. Wright, op. cit. p. 51.

12. *Logement prolongé*.

13. Giedion, *architecture you and me*, passim.

14. P. Johnson, *Mies van der Rohe*. New York 1947.

15. Which, according to Le Corbusier are the *joies essentielles*.

16. H. R. Hitchcock, P. Johnson, *The International Style*. New York 1932.

17. W. Gropius, *The New Architecture and the Bauhaus*. London 1935, p. 18.

18. Gropius, op. cit. p. 20.

19. See for instance Lafayette Park in Detroit by Mies van der Rohe, 1955-63.

20. In P. Zucker, *New Architecture and City Planning*. New York 1944. Also in Giedion, *architecture you and me*, p. 28.

21. Giedion, op. cit. p. 127.

22. In *Architectural Record*, January 1954, "The State of Contemporary Architecture, the Regional Approach". Also in Giedion, op. cit. p. 145.

23. H. Berndt, A. Lorenzer, K. Horn, *Architektur als Ideologie*. Frankfurt a. M. 1968, p. 51.

24. Giedion, *Space, Time and Architecture*, p. 708.

25. Venturi, *Complexity and Contradiction in Architecture*. New York, 1966.

26. Giedion, *Space. . .* p. 620, pp. 645ff.

27. V. Scully, *Modern Architecture*. New York 1961, p. 45.

28. Le Corbusier, *Oeuvre complčte* 1946-52. Zürich 1961, p. 72.

29. Scully, op. cit. p. 46. For an analysis see Norberg-Schulz, *Meaning. . .* pp. 407ff.

30. Scully, *Louis I. Kahn*. New York 1962, p. 36.

31. Louis 1. Kahn, *L' architecture d' aujourd' hui* 142, Feb. 1969, p. 13.

32. Kahn, op. cit. , p. 25.

33. Kahn, *Credo*.

34. Kahn, op. cit.

35. Heidegger, Poetry. . . p. 42.

36. Kahn, op. cit.

37. Scully, Louis I. Kahn, p. 33.

38. The term stems from S. Giedion.

39. A. Colquhoun, *Rational Architecture*, in "Architectural Design", June 1975.

40. We have in mind certain works by Rudolph, Yamasaki, Stone, Johnson, Kallmann etc. Cf. Giedion, *Napoleon and the Devaluation of Symbols*, in "Architectural Review", no. 11, 1947.

41. Giedion, *Space...* pp. 668ff.

42. Norberg-Schulz, *Meaning...* pp. 420ff.

43. C. Moore, D. Lyndon, *The Place of Houses*. New York 1975.

44. Giedion, *Constancy...* p. 7.

45. Giedion, *architecture you and me*. Cambridge, Mass 1958.

图片引用来源

Alifoto, Rome：249.

Alinari, Florence：84, 264, 267.

Aurelio Amendola, Pistoia：92.

Bruno Balestrini, Milan：37, 78, 83, 86, 89.

Bildarchiv Foto Marburg, Marburg Lahn：130, 149.

Brandaglia, Isola del Giglio：293.

Deutsches Archaeologisches Institut, Rome：269.

Jan Digerud, Oslo：344.

John Ebstel：345.

Robert Emmett Bright, Rome：250.

ENIT, Rome：8, 14, 22, 34, 41, 42, 43, 51, 68, 71, 72, 256, 290.

Fotocielo, Rome：91, 96, 97, 98, 232, 233, 239, 248, 279, 288, 295.

Gavlas, Prague：131.

Giuliano Gresleri, Bologna：335.

Hedrich—Blessing, Chicago：311, 333.

Jaatinen, Helsinki：349.

Lucien Hervé, Neuilly—sur—Seine：341, 342.

Pepi Merisio, Bergamo：252, 268, 270, 271, 274, 275, 276, 277, 278.

Christian Norberg—Schulz, Oslo：1, 2, 3, 4, 5, 7, 9, 10, 11, 12, 13, 15, 16, 17, 21, 23, 24, 25, 27, 28, 29, 30, 3l, 32, 33, 35, 36, 39, 46, 47, 50, 55, 56, 57, 58, 62, 63, 64, 65, 66, 67, 69, 70, 73, 74, 75, 79, 80, 81, 82, 85, 87, 93, 99, 101, 102, 103, 105, 106, 107, 108, 110, 112, 113, 114, 115, 116, 117, 118, 119, 120, 121, 122, 123, 128, 129, 137, 138, 139, 140, 141, 142, 143, 144, 145, 146, 151, 153, 155, 156, 157, 158, 159, 160, 161, 162, 163, 164, 165, 166, 167, 170, 171, 172, 173, 174, 175, 179, 180, 181, 182, 183, 188, 189, 190, 191, 192, 193, 194, 199, 200, 201, 202, 203, 204, 205, 206, 207, 208, 209, 210, 211, 213, 214, 215, 216, 217, 218, 219, 220, 221, 222, 223, 224, 225, 226, 229, 230, 231, 236, 237, 238, 240, 241, 242, 245, 251, 255, 257, 259, 260, 261, 262, 263, 265, 266, 268, 272, 273, 284, 285, 286, 289, 291, 292, 297, 298, 299, 302, 303, 304, 305, 306, 309, 310, 312, 313, 314, 315, 316, 317, 328, 329, 330, 343, 346, 348.

A. Paul, Prague：168, 169.

Paolo Portoghesi, Rome：26, 48, 77, 88, 94, 104, 109, 111, 177, 187, 212, 235, 294, 301, 347.

Ivor Smith, Bristol：307.

Wideröe, Oslo：40, 52, 53, 54.

译名对照

2

人造物（Artifact）
人的表现（opera di mano）

3

大地（Gaia, earth）
大力士神（Hercules）
大地力量（Chthonic force）
土地划界（land demarkation）
三极结构（three-polar structure）
上层拱廊（triforium）

4

天（Nut, Sky）
天后（Juno, Hera）
天轴（heavenly cardo）
方场（Forum）
方向感（orientation）
中间物（in-between）
太阳神（Helios）
公共浴室（thermae）
方位基点（cardinal points）
心灵气氛（Spiritualaura）

5

末殿（apse）
司农神（Demeter）
四种层次（fourfold）
主要规范（caput regni）
主要宇宙（caput mundi）
正面壁柱（facade-pilasters）
史前巨石群（stonehenge）

6

地（Geb）
地轴（decumanus）
地景（landscape）
收分（entasis）
存在（tellus mater）
安顿（settle）
地形的（topological）
在世存在（being-in-the-world）
存在空间（existential space）
存在的立足点（existential foothold）
宇宙秩序（cosmic order）

宇宙意象（imago mundi）
守护神（guaraian spirit）
地表起伏（surface relief）
地形的造型（topological form）
自然的表现（opera di nature）
存在的立足点（extential foothold）

7

住宅（dar）
住所（dwelling）
肚脐（omphlalos）
形象化（visualization）
完形理论（Gestalt Teory）

8

物（thing）
定居（dwell/dwelling）
宙斯（Jupiter, Zeus）
并置（juxtaposition）
具现（concretization）
表征（manifestation）
知觉场（perceptual field）
青年派（Jugend）
直交结构（orthogonal structure）
非此即彼（either-or）
非物质化（dematerialization）
放射村落（Rundling）
知觉模式（perceptual schemata）
沿台伯河的街道（Lungotevere）

9

神性（daimon）
神庙（templum）
城镇（polis）
风景（veduta）
沙暴（haboob）
城市住宅（Burgerhaus）
狩猎女神（Diana）
柱式重叠（superimposition）
柱厅式神庙（hypostyle hall）
神圣的境物（temenos）
纪念性耸立（Mal）

10

特性（character）
秩序（order）

气氛（Stimmung）
原型（archetype）
原型住宅（prototype apartment）
兼容并蓄（both-and）
冥府地穴（bothros）
旅游及运动保护神（Castor and Pollux）

11

区位（Location）
移情（empathy）
深峡谷（fora）
都市轴线（axisurbis）
斜间正门（embrasured portal）
国际装饰艺术展览（Exposition Internationale des Arts Decoratifs）

12

创造（making）
场所（place）
集结（gathering）
补充（complement）
集中性（centralization）
象征化（symbolization）
场所精神（genius loci/spirit of place）
集合都市（conurbation）
朝向麦加的方向（qibla-orientation）

13

群集（group）
楣梁（architrave）
意象性（imageability）
装饰主题（motif）
新精神的别墅（pavillon del'espirt nouveau）

14

苍穹（Ouranos, Sky）
领域（domain）
认同（identity）
认同感（identification）
图腾柱（Irminsul）
语源学（etymology）
综合性气氛（comprehensive atomosphere）
综合性系统（Comprehensive System）

15

遮棚（tabernae）
遮阳板（brise-soleil）
楼层带（sting-courses）
实存的（substantive）
簇群村落（Haufendorf）

16

壁阶（ressault）
壁柱（Wandpfeiler）
墓冢（dolmen）
独街村落（Reihendorf）
雕像神龛（aedicola）
整合的整体性（geschlossenes Gebilde）

17

簇群（cluster）
营建秩序（built order）
环境决定论（environmental determinism）

19

艺术（techne）
罗马方块（Roma Quadrata）

23

恋地型（ground-hugging）

24

矗石（mehir）

译跋

在西方思想史上，哲学与科学打从一开始便有着密切的关系。早期的希腊思想兼具哲学与科学（自然科学）的双重性格。随后哲学虽与特殊哲学（如数学、自然科学、医学）之间形成差异，但这种差异尚未造成二者之间的分裂。这种关系一直维持至中世纪[1]。

在中世纪时哲学与基督教的神学远比与特殊科学的关系来得重要；直至中世纪末期，航行探险在地理上的新发现促进了欧洲经济上的发展，而工商业的发展更促进了自然科学的进展，带给文艺复兴时代两大思想武器——理性与经验。西方从此摆脱了中世纪的封建制度与教会神权统治的束缚，获得了精神的解放。当时由于分工方式尚未形成，理性与经验共同塑造了完美的文艺复兴时代的人[2]。然而在文艺复兴后期，在数学假说与自然科学的融合下开启了近代科学的序幕[3]；由此也形成了经验与理性的分裂。

在科学方面，伽利略的仪器扩大了感觉的经验，对理性的能力提出了质疑。在哲学方面，培根以重视观察与实验的方法，对长久以来统治西方思辨的亚里士多德的演绎形式逻辑加以攻击。此时崛起于海上霸业的英国的经验主义便与欧洲大陆的理性主义争执不下[4]。

笛卡尔身处于两种观念的交锋时代，企图弥平此鸿沟，于是承认了物质世界（经验）与精神世界（理性）的并存（二元论）。由于理性与经验都无法提供正确的判断，而一个彻底怀疑的人所能知道的到底是什么呢？他发现了一个确实的真理，即"自我"的存在——"我思故我在"。"我思"乃成为"心"与"物"沟通的桥梁，使"心"通向宇宙万物并肯定共存的事实。然而他的精神与物质的二元论并未解决先后的问题；最后的结果还是由"上帝"来解决[5]。而且笛卡尔所理解的"理性"仍旧是西方传统以来的先验的理性（与生俱来的良知），与经验和实践毫不相干，致使理性与经验的分裂愈演愈烈[6]。笛卡尔遂成为近代批判哲学与科学分裂上的众矢之的。

此后哲学与科学在西方思想史上分道扬镳。哲学家自康德以来虽仍致力于统一客观世界（感性、物质、物自体、特殊性、经验、辩证对立）与主观世界（理性、精神、认识主体、一般性、认识、统一原则）之间的对立冲突，但是由于摆脱不了西方思想上根深蒂固的唯心模式，最后当黑格尔戴上唯心论的冠冕时也敲响了西方唯心主义的丧钟。于是西方哲学经由分裂对立的过渡时代，到了20世纪呈现出"建立体系，百家争鸣（往好处看）；只有哲学家没有哲学（往坏处看）"[7]的局面。

反观科学脱离哲学母体之后，在19世纪写下了最辉煌的一页，牛顿的《自然哲学的数学原理》（Mathematical Principle of Natural Philosophy）奠定了"机械论"的基础，取代了长久以来"有机论"的世界观[8]。以往对于暧昧不明的世界——支持人类存在，同时又威胁人类存在——抱持着不可测度的观念；此时基于科学的发展，促使人类对世界的控制在技术上有了空前的进展。人们不再只是凭直觉、经验与几率的结果去认识自然；而是以科学的方法研究自然，形成有系统的知识——科技。因此科技消弭了自然的威胁，帮助人类控制自然，最后更能改善人类整体的生活，遂成为一种普遍的信念。万能的"科学"取代了"神"的地位，迈向人类新纪元的"进步幻想"成为天堂的"彼世信念"。然而美好的憧憬并未实现，期盼的天堂竟是机械化的疏离，甚至是人类历史上的空前浩劫——世界大战。

另一方面，科学的内部结构也产生了动摇。海森堡（Heisenberg）的测不准原理（Principle of Uncertainty）以及波尔（Bohr）的补足定律（Principle of Complementarity）[9]以科学的严格性、精确性，对西方现代科学的两大支柱之一——物理，提出质疑[10]。同时日趋广博的科学无时无刻不在驳斥它的昨天；一下子是原子，接着是电子，然后是量子。科学似乎没有想象中的那么"科学"。斯宾格勒（Oswald Spengler）大胆地说出了其中的原委："每一种原子理论都只是神话而不是经验。"[11]于是科学也迈入危机时代。

新大陆仍持天真的想法；欧洲大陆的态度则迥然不同，他们深深感到尽管科学在实际方面表现得光芒万丈，但在理论上遮掩不住重重的困难。一切人为的解答，由相对论及至新的量子论，都是毫无用途的；对自然的扩大控制几乎都是以缩减了解性的价值而换来的。胡塞尔（Edmund Husserl）和怀特海在当时大约同时揭晓了"科学的危机"[12]。

胡塞尔对现代科学提出两项严

厉的批评：第一项是科学已变成对纯粹事实作非哲学的研究（实证科学即为例证），因而造成人类整体生活尤其是对人的生活目的失去意义；第二项是科学的自然主义使科学对科学最后的真理和妥当性束手无策[13]。他所关心的事并非科学在技术效能上的问题，而是科学能否使生活更具意义；所以胡塞尔认为科学危机的症结所在是因为科学完全局限于纯粹的实证事实，而不是也不愿面对价值与意义的缘故，不过他的目标并非要废除科学而是要协助科学成为严格的科学——哲学。

因此自胡塞尔发布现象学宣言〝哲学即严格的科学〞[14]以来，现象学便以〝回归物本身〞（Zuruck zu den Sachen selbst）为口号，以直接进攻现象为归结。然而现象学并不是想讨论现象的一门学问，而是想透过现象找到事物的本质；严格说来，它只是一种方法而已，不过找本质的方法不再是传统的超越方法，而是希望以数理与心理的分析找出思想的形式，并找出其内容。

首先对事物〝存而不论〞（数学的隐喻〝放入括号〞），以期摆脱成见撇开非本质的东西。但存而不论的目的并不是从自然宇宙中迁出来就结束了，而是要迁入某物，亦即〝超越的主体性〞。因此接下来的步骤是〝还原〞（reduction）——使事物回到其本质，回到最原始的意义中，回到意义尚未发生作用之前。胡塞尔称这种最原始的表象为〝现象〞，而将最原始的真相称为〝本质〞。经过〝本质的还原〞使得现象中的本质显现出来，还必须再经过〝超越的

还原〞，更进一步将现象与世界的一切关系都放入括号内。经由以上两种还原才能达到〝超越的意识〞（transcendental consciousness）——人必须回到自己的纯意识中才能发现人一方面有消极的能力，可以透过感官认识外在世界的事物，同时也有积极的能力透过自己的意象去创造一种东西。因此现象学并未说明哲学的内容，而是指出了哲学的目的——人的理想是由人自己去创造这种主观的条件，也就是在意识中达到主客观合一、物我不分的境界[15]。

海德格尔与胡塞尔之间有着基本的差异：海德格尔强调客观的存在；胡塞尔则强调主体的意识。既然是要讨论存在的问题，对于胡塞尔运用〝存而不论〞的方式偷渡到〝超越的意识〞是海德格尔所无法接受的[16]。因此现象学只是海德格尔解决基本问题时的一种方法而已，并未成为他哲学中的主要部分[17]。

海德格尔认为西方哲学与西方文明之所以会产生危机，在于忽略了存在论（Ontology）上对存在（Being）与存在物（being）的区分，致使西方哲学与西方文明由静观存在而转向研究存在物，并以技术去运用、征服存在物；于是形而上学、科学以及工艺学逐渐取代了研究存在的本体学。

海德格尔根本的问题在于〝存在本身的意义〞。〝存在〞（Sein or Being）是最普遍的概念，所有的事物都可说是一种〝存在物〞，但任何存在物都无法替代〝存在〞，因此〝存在〞似乎无法加以定义。不过存在似乎又是非常明显的一种概念，英文中的〝是〞都是以〝to be〞为字

根，德文则以〝Sein〞为字根；我们经常说〝这是什么〞〝那是什么〞，人明明就生活在一种对存在（或〝是〞）的理解中；然而〝存在〞究竟是什么又没人明白。这个问题成为《存在与时间》（Sein und Zeit）所要探索的对象[18]。海德格尔并没有从希腊哲学探索〝存在〞时所用的知觉下手，而是另辟起点——人的存在（Dasein）。

海德格尔所想要探讨的〝存在问题〞并非〝存在本身〞，而是〝存在的意义〞。他认为虽然目前〝存在〞与〝存在物〞已经混淆不清，大家的注意都投注在〝存在物〞上；但是就本质而言，人的存在是一种〝在世存在〞（In-dei-Welt-sein），亦即人的存在并不是发生在体肤内的东西，而是存于一个覆载着人的宇宙范围内，同时与宇宙形成一种人的〝存在场〞[19]；海德格尔将此〝存在场〞称之为Dasein，用以表示人的存在。

不用〝人〞和〝意识〞而畅谈人类的存在，代表近代哲学在主体与客体之间，或心灵与物体之间所挖掘的鸿沟，如果我们不去刻意地挖它，事实上它是不存在的。然而海德格尔是否真的解决了西方思想史上长久以来的分裂问题呢？他认为〝人的存在〞便足以理解〝存在〞的意识，事实上他所谓的〝人〞乃是能对〝存在〞做一番严格而切实思考的思想家。诚如施皮格伯格（Herbert Spiegelberg）所言：〝海德格尔犯了许多解释科学的毛病，忽略了所有明显的事物在结构与形式方面并不常常是彻底为人所知觉的。〞[20]当今风行于欧洲的〝结构主义〞[21]似乎就是针对此缺憾而产生的。

诺伯舒兹（Christian Norberg Schulz）认为今日的"建筑危机"在于建筑失去了本身所应具有的"意义"，而沦落到"效用"、抽象的层次[22]。根据皮亚杰（Jean Piaget）的"儿童心理学"，我们晓得人对造型的认知系经由对外在世界的概念而逐渐发展形成的；也就是说，小孩子是经由认识自然（具体的事物）而逐渐培养了决定未来经验的"知觉基型"（perceptual schemata）。因此人与环境之间的关系事实上是充满意义的，而不是以科学概念所能描述的"客观"知识；他乃企图以现象学"回归物本身"的方法探索复杂"意义"之间的关系。

在欧洲语言中表达"发生"（to happen）的词汇中：英语是take place，德语是stattfinden，意大利语是avere luogo；三者具有类似的关系，都包含着"场所"（place, Statt, luogo）[23]。这表示所有的人类活动都必须找到一个适合的"场所"才能够"发生"。因此"场所"事实上是人类活动中所不可缺少的要素。现代建筑所强调的"空间"是一种抽象的概念，只可视其为场所的体系，绝无法替代场所。诚如海德洛所言"空间经由场所而得以存在"；康则认为"空间晓得其意欲为何时乃成为一间房间（room）亦即一处有特性的场所。"

海德格尔从对古代德语的分析中找出了"住所"（dwelling）代表人与场所的关系[24]。诺伯舒兹以此为出发点，对住所的结构作更深入的分析。当人定居（dwell）下来时，一方面置身于空间之中，另一方面也

暴露于某种环境的科学之中。因此人若想获得一个"存在的立足点"（existential foothold），亦即"住所"，就必须具有"方向感"：晓得自己置身何处；"认同感"：与场所产生有意义的关系。他认为林奇局限于"方向感"的问题（空间组织）[25]，而忽略了"认同感"的问题（造型特性）；而目前的危机最主要的问题便是缺乏"特性"，无法与场所"认同"，因而导致"疏离"。因此他盛赞文丘里将建筑物视为内部与外部互动下的结果[26]，使"墙"再度成为建筑的起点，建筑得以表达"特性"。不过他强调"墙"必须表达出特殊场所的特性，因此对造型特性的认识不应只视其为特殊的秩序或装饰主题，而必须以对具体的实物所产生的确实认知为基础才不会流于历史决定论（historicism）或样式的地域主义（stylistic regionalism）。为了说明造型特性的根源，诺伯舒兹更进一步分析了人与场所之间的意义是如何产生的。

人的存在意味着"在大地之上，苍穹之下"，首先必须面对的就是自然场所，经由对自然场所的理解，人构筑了人为场所。人透过"物""秩序""特质""阳光"与"时间"而得以理解自然场所[27]；"物"与"秩序"属于"空间组织"，"特质"与"阳光"属于"造型特性"，"时间"意味着恒常与变迁的维度——使"空间组织"与"造型特性"成为"真实生活"的一部分。运用"形象化""补充""象征化"的手法使人得以将自然场所的意义转化成人为场所的特性[28]。因此造型特性——浪漫

式、宇宙式、古典式、复合式——具体表达了特殊的场所精神[29]。场所虽然会因其他的因素产生变迁，然而唯有在变迁中仍能掌握其场所精神才不会造成场所的混乱与迷失。因此建筑的目的不在于实践抽象的理论，而是具体地表达场所精神，以满足人类居住的需求。

诚如作者所言，"本书中仍有许多问题值得进一步推敲"[30]，笔者仅就其理论上的问题提出讨论。目前以其他领域的理论为基础所建立的建筑理论可谓比比皆是，对原有理论加以武断的类比（analogy），歪曲的简化（reduction）更是大行其道[31]。

皮亚杰所主张的"知觉基型"是与实质性、社会性、文化性三个层面密切相关的。而作者仅从实质层面展开他的场所理论[32]，过分简化的分析，使得他的理论倾向于"环境决定论"（environmental determinism）[33]。事实上自然永远只是"现象"而已，行为却具有内在的思想过程；若是想从自然现象中找出行为的因果关系，无异于科学家追求事件的定律与因果关系。

其次是"存在"与"本质"的混淆。"存在"是指确实有某物的一项事实（that the thing is），"本质"乃某物所以为该物的性质（what the thing is）。"本质"的观念可直溯柏拉图的"理式"（idea）[34]，是贯穿西方唯心论的幕后驱力。因此胡塞尔的"本质还原"下一步就是"超越意识"。海德格尔的过人之处便在于以"存在"避免了这种问题；然而作者又跌入了这无底的深渊中。对"本质"说不出个名堂来，只好以

"造型特性"——"浪漫式""宇宙式""古典式""复合式"[35]——来搪塞，草草带过。

虽然如此，本书仍不失为一部重要的建筑理论著作。尤其在人与自然日渐疏离的今天，本书提醒我们人与自然原本就有一种充满意义的关系，启发人们产生另一种思路的可能性。当我们渐渐理解：我们虽能解决新问题，但也失去了解决旧问题的能力，在此情况下只有"改变"，而没有所谓的"进步"；或许更能体会出"礼失求诸野"的真谛。除非我们能效法苏格拉底坦承自己"无知"，否则"再仁慈的自然法则也救不了我们"[36]。

注解

1. 《20世纪的哲学》，Bernard Delfgaauw著，傅佩荣译，13页。文学出版社，1968年初版。

2. 以达·芬奇（Leonardo da Vinci）为例。他不仅是画家、数学家、力学家和工程师，而且在物理学及各种不同领域都有重大的发现。他设计过纺织机、兴修过水利工程和军事工程，研究过解剖学和透视学，并设计过飞机和降落伞。

3. 《文明的滴定》，李约瑟（Joseph Needham）著，张小天译。商务印书馆，2016年版。

4. 哲学在自然科学的影响下建立了一套经验主义的思想体系。经验主义强调感性经验是一切知识的来源，否认所谓先天的理性观念。在培根，霍布斯、洛克手中的经验主义与欧洲大陆莱布尼兹的理性主义相对立。

5. 笛卡尔的"上帝"并不具有宗教的意义，而是在无法确信真理的情况下，对真理所提出的保证。详见《我思故我在》，钱志纯编译，57～80页。志文出版社，1969年再版。

6. 笛卡尔在利用"上帝"提出真理的全部保障之后，更进一步探讨了宇宙的问题。他证明"心"外有宇宙万物存在，即扩展的实体存在；并将他的方法应用到实验科学的知识上。笛卡尔之所以将物质宇宙的现象归纳为"扩展"，是由于他认为"扩展"是理解的对象，同时人要想控制自然，只能借着知识，因此"扩展"便成为人控制自然的桥梁。笛卡尔的知识控制自然的信念，始终留在现代理论学中。大家都相信"人定胜天"，人为自然的主人翁。所以，知识不在于理智与事物的合一，而在于统治事物。详见《我思故我在》，81～94页，同注[5]。

7. 《西洋哲学史》，邬昆如编著，497页，正中书局，1962年第二版。

8. 古代及中古的科学中，所有的东西都具有本性：石头有下落的本性，鸟有飞行的本性，而天体有循环不息运行的本性；万物皆依其本性而发生作用，如同有机体般地自发作用。牛顿的惯性定律认为一切物体都有向无穷空间运动的本性，除非加外力予以改变。机械论的宇宙观取代了有机论的宇宙观。

9. 量子力学（quantum mechanics）的假设是电子的位置及速度都无法绝对正确地决定；当要确定电子的位置而射以强光时，电子便受强光刺激，使速度变得不规则而无法正确测量。过去认为绝对性的因果律已无法涵盖自然的任何现象。

10. 现代科学的另一支柱——数学，也受到了怀疑。1929年斯克林（Skolem）发表一项定理，说明：连数学上的基本数系也无法加以绝对的"公理化"；两年之后，哥德尔（Gödel）更证明：所有的数学体系都注定是不完整的，数学里有本身无法解答的难题，绝不可能建构出完美的体系。《西方的没落》，斯宾格勒著，张兰平译。陕西师范大学出版社，2008年版。

11. 同上。

12. 怀特海在《自然的概念》和《科学与现代世界》中发现了位于歧途上的现代科学的伟大与悲惨，这种分歧使科学走向纯粹的主观或纯粹的客观。

13. 详见《现象学运动》，施皮格伯格著，王炳文 张金言译。商务印书馆，2011年版。

14. 科学严格性主要是数学家熟悉的演绎科学的严格性，而不是归纳自然科学的严格性。胡塞尔认为科学是由理性所产生的知识系统，一种层次分明、学无止境的系统。这即是哲学为了成为真正的科学，所应达到的严格性。

15. 不过胡塞尔仍倾向笛卡尔中的唯心部分。他认为存在只是为了意识才存在，换言之，存在的意义系由意识而来。因此他主张的"超越的意识"仍是唯心论。详见《现象学运动》。同注[13]。

16. 海德格尔曾批判"存而不论"只是徒劳无益，曲解事实。详见《现象学运动》。同注[13]。

17. 现象学的口号"回归物本身"，触发了海德格尔找出"现象"在希腊文里的意思是"彰显自己的物"。因此海德格尔认为现象学的意义就是设法使物自己发言。

18. 本书的计划是想在前半段分析人的存在，前半段又分成三部分，仅前两部分问世。第一部分分析人的存在的本体学所作的准备；第二部分则对人的存在与时间性关系的基本分析；第三部分已放弃付梓，原本计划由人的存在与人的时间性，走向时间与存在本身；人的存在已不再是走向存在的唯一线索了。后半段也被放弃，原本准备根据时间性的分析，以现象学来破坏本体学。

19. 巴雷特（William Barrett）以爱因斯坦的"物场论"（Field Theory of Matters）所作的类比。详见《非理性的人》巴雷特著，段德智译。上海译文出版社，2012年版。

20. 《现象学运动》。同注[13]

21. 李维史陀（Claude Levi－Strauss）对事物的结构与形式作了更进一步的分析。详见《结构主义之父——李维史陀》艾德蒙·李区著，黄道琳译，桂冠图书公司，1973年第三版。

22. Christian Norberg－Schulz，Lotus International 13 (1976)，p57～67。《Genius Loci》

23. 同上。

24. Martin Heideger，"Building Dwelling Thinking"，（"Bauen Wohnen Denken"），Basic Writings，p320～339，双叶书店，1969年。

25. 林奇所提的"节点""道路""区域"等观点成为诺伯舒兹在分析空间组织时的重要依据。

26. Robert Venturi，《Complexity and Contradiction in Architecture》，p88，NewYork，1966。

27. Christian Norberg－Schulz，《Genius Loci》，p23～32，唐山出版社，1969年。

28. 同上，p50～58。

29. 同上，p42～48；p.69～78。

30. 同上，p5。

31. 当前的Collage City，New Rationalists都以Karl Poppet的理论为依据，将建筑与语言学扯在一起的人则供奉Noam Chomsky。Peter Dickens对此种歪风提出了批判。见A.D.1～2，1981，《The Hut and the Machine》。

32. 拉普卜特（Amos Rapoport）则强调文化性及社会性对住屋形式的影响。详见《宅形与文化》，拉普卜特著，常青等译，中国建筑工业出版社，2007年版。

33. 虽然作者曾特别声明他所说的并不是一种环境决定论，只是承认人是环境整体中的一部分。《Genius Loci》，p23。同注[27]。

34. 柏拉图在《理想国》卷十里提到，床有三种：第一是床之所以为床的那种床的"理式"（Idea，不依存于人的意识的存在）；其次是木匠依床的理式所制造出来的个别的床；第三是画家模仿个别的床所画出来的床。三者之中只有床的理式，即床之所以为床的道理或规律；是永恒不变的，为一切个别的床的根源所在，所以只有它才是真实的。《西方美学史》上卷，朱光潜著。汉京文化事业公司，1971年初版。

35. 黑格尔将艺术区分成三种类型：象征型、古典型、浪漫型。无论是巧合或蓄意都说明了作者的矛盾所在。

36.柯林武德（R.G.Collingwood）：
"由于我们的无知，任何再仁慈
的自然法则也救不了我们。"
《历史的观念》，柯林武德著，
何兆武、张文杰译。中国社会科
学出版社，1986年版。